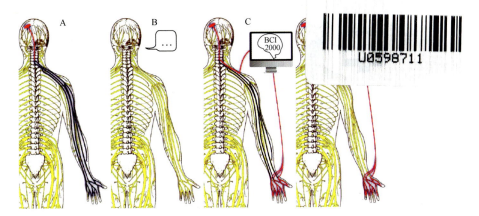

U0598711

图 1.1

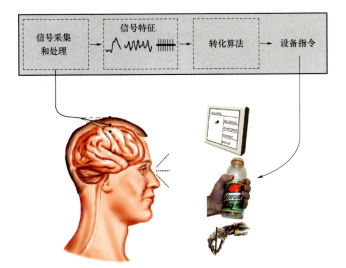

图 1.2

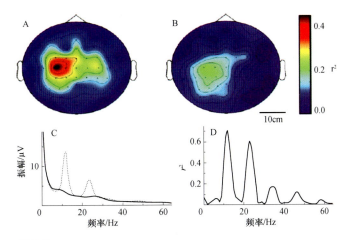

图 2.3

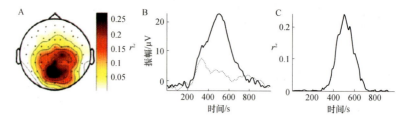

图 2. 4

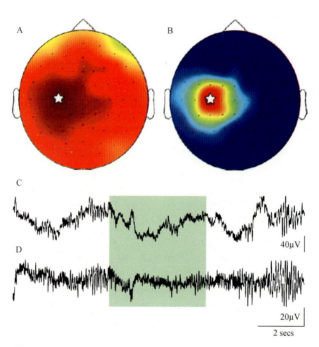

图 2. 14

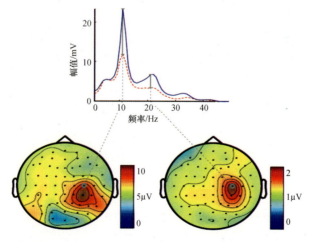

图 2. 15

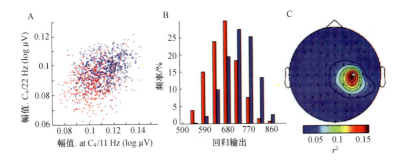

图 2. 16

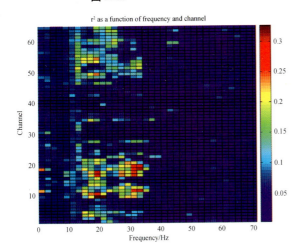

图 5. 3

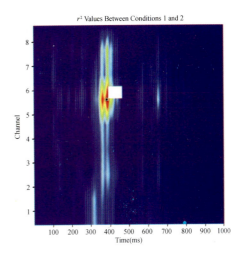

图 5. 7

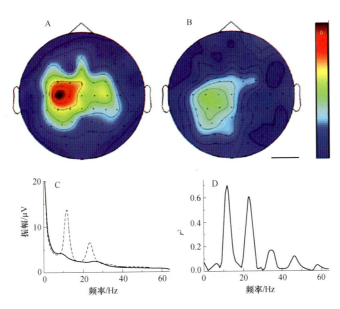

图 5. 4

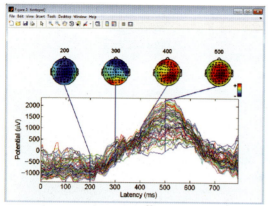

图 11. 9

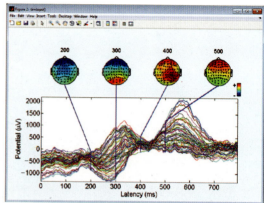

图 11. 10

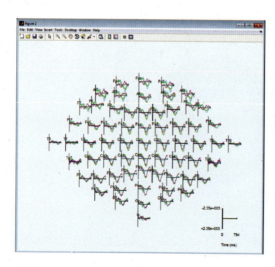

图 11. 12

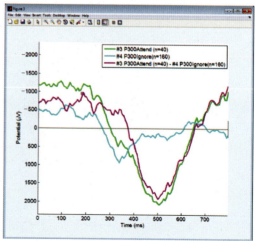

图 11. 13

BCI2000与脑机接口
A Practical Guide to Brain-Computer Interfacing with BCI2000

（美）Gerwin Schalk
（德）Jürgen Mellinger
著

胡三清 译

国防工业出版社
National Defense Industry Press

著作权合同登记　图字:军－2010－107 号

图书在版编目(CIP)数据

BCI2000 与脑机接口/(美)施克,(德)梅兰著;胡三清
译. —北京:国防工业出版社,2011.6
书名原文:A Practical Guide to Brain-Computer Interfacing with BCI2000
ISBN 978-7-118-07233-4

Ⅰ.①B… Ⅱ.①施… ②梅… ③胡… Ⅲ.①脑
科学－人－机系统－研究 Ⅳ.①R338.2②R318.04

中国版本图书馆 CIP 数据核字(2011)第 046350 号

Translation from the English language edition:

"A Practical Guide to Brain-Computer Interfacing with BCI2000" by G. Schalk & J. Mellinger(edition:
1;year of publication:2010);ISBN
978-1-84996-091-5

Copyright ©2010 Springer-Verlag London,United Kingdom

as a part of Springer Science + Business Media

All Rights Reserved

本书简体中文版由 Springer-Verlag 授权国防工业出版社出版发行。版权所有,侵权必究。

※

国防工业出版社出版发行

(北京市海淀区紫竹院南路 23 号　邮政编码 100048)
北京嘉恒彩色印刷有限责任公司
新华书店经售

*

开本 710×960　1/16　插页 2　印张 15¼　字数 262 千字
2011 年 6 月第 1 版第 1 次印刷　印数 1—3000 册　定价 38.50 元

(本书如有印装错误,我社负责调换)

国防书店:(010)68428422　　　发行邮购:(010)68414474
发行传真:(010)68411535　　　发行业务:(010)68472764

译者序
Foreword

脑机接口（Brain Computer Interface，BCI）是通过计算机或其他电子设备在人脑与外界环境之间建立一条不依赖于外周神经和肌肉组织的全新对外信息交流和控制通路，为丧失部分或全部肌肉控制功能的病患提供与外界沟通的新途径。近年来，全世界范围内的 BCI 研究进入了热潮，目前正在进行这方面研究的课题组已经超过 100 个。每个研究小组的具体研究内容和方法各不相同，从研究的脑电信号类型，到采集方法、实验设计以及信号处理方法等各个层面上也都有各自的特点，从而所设计的BCI 系统也大不相同，缺乏通用性和扩展性，使得各个系统难以比较。

BCI2000 是专为 BCI 研究而设计和开发的一个免费通用软件平台，在纽约州卫生署 Wadsworth 研究中心领导下从 2000 年开始正式研发。BCI2000 提供了一系列灵活的机制来支持各类 BCI 研究领域的应用，使研究人员可以利用这个软件平台使用不同采集设备、设计算法及实验设计范式，快速建立实时 BCI 系统，并提供了强大的数据离线分析工具。目前，BCI2000 软件系统已经被全世界大约 500 个实验室所采用，成为事实上的 BCI 标准软件平台。

本书是一本系统、详尽的 BCI2000 用户手册，内容涉及 BCI 技术概述、BCI2000 软件平台详细实用指南、经典 BCI 应用实例，还提供了供开发人员使用的详细的二次开发文档。本书作者 Gerwin Schalk 博士及

Jürgen Mellinger 博士是 BCI2000 系统的主要设计者和开发者，是无可争议的 BCI2000 权威专家。该书深入浅出、图文并茂、叙述清楚、通俗易懂，是一本难得的 BCI 研究入门书籍。

由于本书中的各种应用涉及面比较广，且限于译者的水平和不可避免的主观片面性，翻译不当或表述不清之处在所难免，恳请广大读者及专家不吝指教，提出修改意见，我们将不胜感激。

本书的翻译得到了戴国骏、张建海、孔万增、杨坤、李荀和张彦斌等 6 位博士的大力协助。研究生郭凯、赵欣欣及本科生池剑锋、郭馨薇也帮助参与了文稿的整理工作。另外，本书的翻译是在浙江省"计算机应用技术"浙江省学科建设项目经费支持下进行的。

什么是 BCI2000？

BCI2000 是一个通用的软件平台，应用于脑机接口（BCI）研究。它也可用于多种数据采集、刺激呈现及大脑监控应用。自 2000 年以来，在德国 Tübingen 大学医学心理学和行为神经生物学研究所的大力支持下，随着美国纽约奥尔巴尼的纽约州卫生署 Wadsworth 中心领导的一个 BCI 研发项目的实施，BCI2000 得到了发展。此外，在世界各地的许多实验室，最主要的是在乔治亚州亚特兰大市的乔治亚州立大学脑科学实验室和意大利罗马的 Santa Lucia 基金会，也在项目开发中发挥重要作用。

任务

BCI2000 项目的任务是促进基于信号实时采集、处理、生物信号反馈的所有相关应用领域的研究和开发。

期望

我们期望，BCI2000 能成为一个广泛用于不同研发领域的软件工具。

历史

在 20 世纪 90 年代后期,Wadsworth 中心的 BCI 创始人 Jonathan Wolpaw 博士认识到需要一个软件平台,该平台可以帮助落实任何 BCI 设计。这个想法得到 Niels Birbaumer 博士的支持,他是来自德国 Tübingen 大学的另一个 BCI 创始人。他们共同的兴趣促成了一个为期数天的会议,该会议于 1999 年在 Tübingen 举行。来自 Wadsworth 中心的 Gerwin Schalk 和 Dennis McFarland,以及来自 Tübingen 大学的 Thilo Hinterberger 参加了这次会议。这次会议的结果是制定了第一套通用系统规格。这些系统规格从开始就关注于技术的灵活性和实用性,自那以后,它们并没有改变。

接下来的一年半,第一代 BCI2000 系统的开发,由 Wadsworth 中心的 Gerwin Schalk 和 Dennis McFarland 完成了,随后,2001 年 7 月,基于 BCI2000 的第一次实验获得了成功。当时实验所产生的数据文件仍然可以用今天 BCI2000 提供的工具来解释。就像所有其他的 BCI2000 数据文件一样,这些早期的数据集包含实验参数的完整记录及重要事件的时序,如刺激呈现的时间定位。因此,可以完整地再现多年前实验的所有重要细节。

在 2002 年间,Jürgen Mellinger 在 Tübingen 大学参加了 BCI2000 的项目,并立刻着手改进初始系统的实现。这个项目在纽约 Rensselaerville 举行的第二届国际 BCI 会议上首次得以展开,这次展示导致了 BCI2000 系统的扩展,以支持基于文献 [7] 中方法 P300 的拼写模型,并且 BCI2000 系统首次被其他研究组织(如南佛罗里达大学的 Emanuel Donchin 博士,位于 LaJolla 的 Swartz 计算神经科学中心的 Scott Makeig 博士,乔治亚州大脑实验室(BrainLab)的 Melody Moore – Jackson 博士)采纳。2004 年,当时是威斯康星大学麦迪逊分校的一个研究生,随后作为博士后在 Wadsworth 中心工作的 Adan Wilson,开始使用 BCI2000 并参与了该项目的开发。

从一开始,BCI2000 平台的设计和开发受制于两种截然不同的需求,需要加以适当的协调。一方面希望建立一个鲁棒通用的 BCI 系统(长期的目标);另一方面有必要支持在奥尔巴尼和 Tübingen 所做的不同 BCI 实验(短期的目标)。在 2005 年,不断改进的 BCI2000 平台及在系统发布的初步成功,取得美国国立卫生研究院(NIH)资助,为获得进一步发展和维持奠定了基础(BCI2000 开发获得了 NIH 生物工程研究合作伙伴(BRP)的赞助,拨款给了 Jonathan Wolpaw 博士)。2006 年,NIH 的国家生物医学影像和生物工程研究所(NIBIB)设立专项用于最初 4 年的系统开发。这项资助使得项目团队专注于整个 BCI 研究团体的需求,而不是个别研究项目的需求。其成果凝聚在 2008 年初发行的 BCI2000 V2.0 中。该版本为项目成立以来的最新版本。在 V2.0 中,我们巩固并拓展了现有的 BCI2000 平台、联合开发及维护过程,并建立了一套稳定高质量的核心组件,供用户和软件工程师使用的全面更新的文档,以及测试和发行管理程序。自从发行 2.0 版本以来,BCI2000 平台的采用进一步加快。甚至许多科学家和工程师们现在利用 BCI2000 来实现其他目的,而不是研究 BCI。

当我们在写这本书时,BCI2000 的 V3.0 版本也即将发行。除了 Borland/Code-Gear 的编译器,该系统还增加了对 VisualStudio 和 MinGW 的系统支持(尤其是在多核处理器的机子上),并进一步对 BCI2000 组件做模块化处理。

目前影响

BCI2000 已经对 BCI 及相关研究产生了重大影响。到 2009 年 12 月,BCI2000 已被世界上近 500 个实验室采用。最初描述 BCI2000 系统的文章[19] 已经被引用 200 多次,并且最近被 IEEE Transactions on Biomedical Engineering 评为 2004 最佳论文。此外,通过对文献的搜集整理,发现利用 BCI2000 所做的研究成果已在超过 120 个同行评审的出版物中发表。这些成果包括了一些迄今最令人印象深刻的 BCI 示范和应用,如第一个使用脑磁图(MEG)信号[15] 或脑电图(ECoG)信号[8,11,12,23] 的在线脑机接口;第一个使用 ECoG 信号[22] 的多维 BCI;BCI 技术首次应用于慢性中风[3,24] 病人的功能康复;利用 BCI 技术的控制辅助技术[6];第一个使用高分辨率 EEG 技术[5] 的实时 BCI;在有[14] 或没有[25,26] 选择能力的情况下,展示了可支持多维光标的移动的非侵入式的 BCI 系统;利用非侵入性的 BCI[2] 来控制人形机器人;第一次展示患肌萎缩侧索硬化症(ALS)的人员可操作一个能感觉运动节律的 BCI 系统[10]。BCI2000 还支持现有严重伤残人士唯一长期在家使用的 BCI 技术。在 Wadsworth 中心,Jonathan Wolpaw 和 Theresa Vaughan 的这些研究案例,放置在了严重伤残人士的家中。在过去的几年,这些人已经使用 BCI 来进行文字处理、电子邮件、环境控制及与亲朋好友的日常交流。

很多研究已经将 BCI2000 用于 BCI 相关的研究领域中,包括第一次基于 ECoG

信号的大范围运动皮层功能定位研究[13,17]；使用 ECoG 的脑皮层功能实时定位[16,21]；BCI 信号处理方法的优化[4,18,27]；以 BCI 为目的对稳态视觉诱发电位（SS-VEP）的评价[1]；演示了用 ECoG 信号分析二维手部和手指的运动。BCI2000 为数据和实验示例的简单交换提供了方便，一些研究可以在广泛分布于各地的实验室中合作展开。据我们所知，还没有大规模的 BCI 合作研究不采用 BCI2000。

此外，BCI2000 还曾经在包括 NBC、CBS 和 CNN 国家电视台上展示过，并在期刊文章、媒体报道和个人博客中被引用数百次；还被数十名硕士或博士在学位论文中引用或使用，并在简历上作为重要资历列出；甚至在招聘信息上当作一项有价值的经验。BCI2000 平台的广泛和不断成功是其实用性的有力证据。

总之，BCI2000 正在促进和推动 BCI 研究和开发，从孤立的实验室到临床有关的 BCI 系统，及帮助严重残疾人员的各种应用。BCI2000 正在迅速成为，或者已经成为 BCI 研究的标准软件平台。

发布

BCI2000 软件可免费用于教育或研究，可以在 http://www.bci2000.org 网站下载。这个网站包含详细的项目相关信息，包括一个 wiki 和公告板链接，其上的其他文件。此外，BCI2000 项目已组织了若干关于平台理论和应用的讲习班：纽约 Albany，2005 年 6 月；中国北京，2007 年 7 月；意大利罗马，2007 年 12 月；荷兰 Utrecht，2008 年 7 月；纽约 Bolton Landing，2009 年 10 月；中国北京，2009 年 12 月。

BCI2000 优势

集数据采集、信号处理和反馈于一体的实时软件的实现是非常复杂和困难的。BCI2000 作为一个应用平台，其中主要技术上的困难已经得到解决。因此，它可以使一个科学家或工程师把更多的时间花在研究上，而技术的验证和故障排除方面尽量少花时间。此外，BCI2000 还提供了其他一些重要优势：

- 一个完善的解决方案，BCI2000 被证明可以支持不同的数据采集硬件、信号处理程序和实验范式。
- 方便研究项目的开展，虽然有很多诸如 Matlab 或 LabView 的软件平台，可用于原型实验范式，但这些原型没有共同的数据格式、软件接口及文档的协议，而这些对于大型研究计划的开展至关重要。与此相反,BCI2000 从设计一开始经过多年发展,一直支持包含许多不同研究项目的大型研究计划。

- 方便于促进多站点的部署,BCI2000 平台不依赖于任何的第三方软件组件。因此,BCI2000 的部署对多个站点、多台计算机是非常经济的。
- 跨平台/编译器兼容性,BCI2000 目前需在微软 Windows 系统上运行,并且需要由 Borland 公司的 C + + Builder 进行编译。BCI2000 V3.0 支持 VisualStudio 和 MinGW。
- 开放式许可,BCI2000 可免费用于学术和研究,没有任何限制。

IX

感谢
Acknowledgments

核心小组

项目负责人   Gerwin Schalk 博士

首席软件工程师   Jürgen Mellinger 硕士

质量控制与测试   Adam Wilson 博士

其他贡献者和鸣谢

感谢 Dennis McFarland 博士在初始系统的规范设计和开发中所起的关键作用,Wolpaw 和 Birbaumer 博士在项目早期所提供的支持和重要建议,Theresa Vaughan 和 Jonathan Wolpaw 博士对整个项目的持续支持;感谢卫生研究所和 Wadsworth 中心同事的支持和建议,尤其是 Bob Gallo 和 Erin Davis、Melody Moore – Jackson 博士在指导参与 BCI2000 开发的学生方面的帮助;Wilson 博士在编辑上的出色表现,使本书质量得到了显著改善。我们也同样非常感谢 Peter Brunner 在 BCI2000 有关方面持续出色的技术支持。最后,我们要感谢 Brendan Allison、Febo Cincotti 和 Jeremy Hill 博士所作的不懈努力,它促进了该软件的传播。此外,还有一些人以不同的方式对项目做出了重要贡献。按字母顺序依次为:

Erik Aarnoutse、Brendan Allison、Maria Laura Blefari、Sam Briskin、Simona Bufalari、Bob Cardillo、Nathaniel Elkins、Joshua Fialkoff、Emanuele Fiorilla、DarioGaetano、Christoph Guger of g. tec、Sebastian Halder、Jeremy Hill、Thilo Hinterberger、Jenny Hizver、Sam Inverso、Vaishali Kamat、Dean Krusienski、Marco Mattiocco、Griffin "The Geek" Milsap、Yvan Pearson – Lecours、Robert Oostenveld、Cristhian Potes、Christian Puzicha、Thomas Schreiner、Chintan Shah、Mark Span、Chris Veigl、Janki Vora、Richard Wang、Shi Dong Zheng。

赞助商

BCI2000 目前得到由 NIH(NIBIB)拨给 Gerwin Schalk R01 的款项支持。以前是由 NIH(NIBIB/NINDS)拨给 Jonathan Wolpaw 生物工程研究合作(BRP)基金的支持。

美国纽约 Albany 　　　Gerwin Schalk
德国 Tübmgen 　　　　Jürgen Mellinger

参 考 文 献

[1] Allison B Z, McFarland D J, Schalk G, et al. Towards an independent brain – computer interface using steady state visual evoked potentials. Clin. Neurophysiol,2008, 119(2): 399 –408.

[2] Bell C J, Shenoy P, Chalodhorn R, et al. Control of a humanoid robot by a noninvasive brain – computer interface in humans. J. Neural Eng. ,2008, 5(2): 214 –220.

[3] Buch E, Weber C, Cohen L G, et al. Think to move: a neuromagnetic brain – computer interface (BCI) system for chronic stroke. Stroke,2008, 39(3): 910 –917.

[4] Cabrera A F, Dremstrup K. Auditory and spatial navigation imagery in brain – computer interface using optimized wavelets. J. Neurosci. Methods,2008, 174(1): 135 –146.

[5] Cincotti F, Mattia D, Aloise F, et al. High – resolution EEG techniques for brain – computer interface applications. J. Neurosci. Methods,2008, 167(1): 31 –42.

[6] Cincotti F, Mattia D, Aloise F, et al. Non – invasive brain – computer interface system: towards its application as assistive technology. Brain Res. Bull. ,2008, 75(6): 796 –803.

[7] Farwell L A, Donchin E. Talking off the top of your head: toward a mental prosthesis utilizing event – related brain potentials. Electroencephalogr. Clin. Neurophysiol. ,1988, 70(6): 510 –523.

[8] Felton E A, Wilson J A, Williams J C, et al. Electrocorticographically controlled brain – computer interfaces

using motor and sensory imagery in patients with temporary subdural electrode implants. Report of four cases. J. Neurosurg,2007, 106(3): 495 –500.

[9] Kubánek J, Miller K J, Ojemann J G, et al. Decoding flexion of individual fingers using electrocorticographic signals in humans. J. Neural Eng. ,2009, 6(6): 66,001.

[10] Kübler A, Nijboer F, Mellinger J, et al. Patients with ALS can use sensorimotor rhythms to operate a brain – computer interface. Neurol. ,2005, 64(10): 1775 –1777.

[11] Leuthardt E, Schalk G, JR J W, et al. A brain – computer interface using electrocorticographic signals in humans. J. Neural Eng. ,2004, 1(2): 63 –71.

[12] Leuthardt E, Miller K, Schalk G, et al. Electrocorticography – based brain computer interface – the Seattle experience. IEEE Trans. Neural Syst. Rehabil. Eng. ,2006, 14: 194 –198.

[13] Leuthardt E, Miller K, Anderson N, et al. Electrocorticographic frequency alteration mapping: a clinical technique for mapping the motor cortex. Neurosurg,2007, 60: 260 –270, discussion 270 –271.

[14] McFarland D J, Krusienski D J, Sarnacki W A, et al. Emulation of computer mouse control with a noninvasive brain – computer interface. J. NeuralEng. ,2008, 5(2):101 –110.

[15] Mellinger J, Schalk G, Braun C, et al. An MEG – based brain – computer interface (BCI). NeuroImage, 2007, 36(3): 581 –593.

[16] Miller K J, Dennijs M, Shenoy P, et al. Real – time functional brain mapping using electrocorticography. NeuroImage,2007, 37(2): 504 –507.

[17] Miller K, Leuthardt E, Schalk G, et al. Spectral changes in cortical surface potentials during motor movement. J. Neurosci. ,2007,27:2424 –2432.

[18] Royer A S, He B. Goal selection versus process control in a brain – computer interface based on sensorimotor rhythms. J. Neural Eng. ,2009, 6(1): 16005.

[19] Schalk G, McFarland D, Hinterberger T, et al. BCI2000: a general – purpose brain – computer interface (BCI) system. IEEE Trans. Biomed. Eng. ,2004, 51: 1034 –1043.

[20] Schalk G, Kubánek J, Miller K J, et al. Decoding two – dimensional movement trajectories using electrocorticographic signals in humans. J. Neural Eng. ,2007, 4(3): 264 –275.

[21] Schalk G, Leuthardt E C, Brunner P, et al. Real – time detection of event – related brain activity. NeuroImage,2008, 43(2): 245 –249.

[22] Schalk G, Miller K J, Anderson N R, et al. Two – dimensional movement control using electrocorticographic signals in humans. J. Neural Eng. ,2008, 5(1): 75 –84.

[23] Wilson J, Felton E, Garell P, et al. ECoG factors underlying multimodal control of a brain – computer interface. IEEE Trans. Neural Syst. Rehabil. Eng. ,2006, 14: 246 –250.

[24] Wisneski K J, Anderson N, Schalk G, et al. Unique cortical physiology associated with ipsilateral hand movements and neuroprosthetic implications. Stroke,2008, 39(12): 3351 –3359.

[25] Wolpaw J R, McFarland D J. Multichannel EEG – based brain – computer communication. Electroencephalogr. Clin. Neurophysiol,1994, 90(6): 444 –449.

[26] Wolpaw J R, McFarland D J. Control of a two – dimensional movement signal by a noninvasive brain – computer interface in humans. Proc. Natl. Acad. Sci. USA,2004, 101(51): 17849 –17854.

[27] Yamawaki N, Wilke C, Liu Z, et al. An enhanced time – frequency – spatial approach for motor imagery classification. IEEE Trans. Neural Syst. Rehabil. Eng. ,2006, 14(2): 250 –254.

目录
Foreword

缩略词
Acronyms

ALS	肌萎缩侧索硬化症	fMRI	功能磁共振成像
AR	自回归的	fNIR	功能近红外线
BCI	脑机接口	ICA	独立成分分析
CAR	常见平均参考	IIR	无限冲击响应
CSP	共同空间模型	LDA	线性判别分析
CPU	中央处理器	MEG	脑磁图
ECoG	皮层脑电图	MEM	最大熵方法
EEG	脑电图	PET	正电子发射计算机断层显像
EMG	肌动电流图	SCP	皮层慢电位
EOG	眼电图	SSVEP	稳态视觉诱发电位
ERP	诱发反应	SWLDA	逐步线性判别分析
FES	功能性刺激	SVM	支持向量机
FFT	快速傅里叶变换	TMS	磁刺激

BCI+GUIDE+集成

第 1 章　脑机接口

1.1　简介

许多患者都患有神经症状或神经退行性疾病,扰乱了大脑至脊髓及其最终目标即肌肉的正常信息流,进而影响人的行动意图。肌萎缩性脊髓侧索硬化症(ALS,也称为葛雷克氏症)、脊髓损伤、中风和许多其他疾病都会伤害或损害控制肌肉的神经路径,或直接损害肌肉自身(图 1.1A)。有些病人最严重时可能会失去所有控制肌肉的能力。如此一来,他们失去了所有与外界进行沟通的途径,成为自我封闭的个体。在这些疾病无法康复的情形下,目前主要有三种途径来修复肌肉的功能。

第一种途径是用功能尚存的神经通路或肌肉取代受损的神经通路和肌肉(图1.1B)。虽然这种替代经常受限,但它仍然是有用的。例如,患者可以通过眼睛运动与外界交流[8,9]或用手部动作来产生合成语音进行对话[2,3,16,17]。第二种途径是通过检测受伤部位的神经或肌肉活动来完成功能的恢复(图 1.1C)。例如,Freehand 公司的神经假肢就可以用来帮助恢复脊髓损伤患者的手部功能[6,11,13]。第三种功能恢复途径是为大脑提供一个全新的非肌肉输出通道,即脑机接口(BCI),用于把用户的意图传递给外部世界(图 1.1D)。

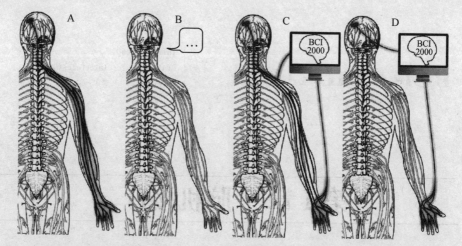

图1.1　瘫痪病人的对外通信途径。A：从大脑到肢体（例如，右手）的正常通信渠道输出受到破坏。B：途径1：由其他方式，如语言来代替受损通信路径。C：途径2：通信绕过受损路径。D：途径3：添加直接从大脑到输出设备或现有的肢体的新通信通道——BCI

1.2　脑机接口（BCIs）

　　BCI是一个非肌肉通信系统，它可以使得他/她的大脑意图和环境进行直接的沟通交流。因此BCI系统功能也就是在计算机和大脑之间创建一个新的通信通道。这种脑机通信的语言一部分来自大脑信号本身（通过提取脑信号特征来控制外部设备），另一部分来自协商（通过用户与系统相互不断地调整适应）。

　　像任何通信系统一样，BCI有输入（即来自用户的大脑信号）、输出（即设备指令）、将前者转化为后者的组件及决定运行开始、偏移及定时的操作协议。因此，任何BCI系统都可以说是由四大部分组成：①信号采集，即采集大脑信号；②信号处理，即提取大脑信号特征并将其转化为设备指令；③输出设备，根据设备指令执行动作来实现用户的意图；④操作协议，即引导操作流程（图1.2）。这也意味着，BCI之间通信过程实际上是一个复杂和多学科的问题，需合理结合神经科学、电气工程、计算机科学和人类科学等多方面学科。

　　近20年中，许多研究通过使用不同的传感器和大脑信号对开发不依赖于肌肉控制的辅助沟通技术的可能性进行了评估，如文献[1,4,5,10,12,14,15,18,20,21,23-31]所述。这些BCI系统测量大脑活动的特征并将其转化为设备控制信号。因此，BCI系统通过产生和利用控制信号来实现用户的意图，通常采用通过用

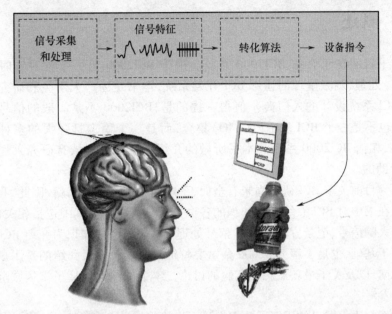

图1.2 适用于所有 BCI 系统的基本设计和系统操作流程。用头皮上的电极、皮质表面，或从内皮层电极来采集大脑发出的脑电波信号，并提取出相应特征(如时域特征或频域特征)来反映用户的意图。这些特征转化为命令来操作外部设备(例如，一个简单的文字处理程序、一个轮椅，或神经假肢等)

户作选择的方式。选择功能的实现方式有：控制计算机光标(如文献[10，29])和其他的方式像拨号盘的指针、移动的机器人[19]或其他外部设备[4,22]控制。BCI 系统的主要性能指标是速度(即需要多长时间作出选择)和精确度(即被执行的选择符合用户意图的程度)。当前的系统可以达到一个选择在几秒钟内以相对较高的准确率完成(如二分类任务中 90% 的准确率)。若使用比特率表示，结合速度和准确性两方面因素，典型 BCI 系统的长时间性能表现仍然算是中等。比特率通常在 5b/min ~ 25b/min 之间[31]，尽管有一些研究报告的速率略高[7]。

所以，将上述 BCI 技术成功转化为临床和商业领域的沟通系统，并为残障人士改善生活质量的关键在于：提高上述 BCI 系统只能算是中等的性能。而这个问题的解决又需要大量、综合地评价各种不同的 BCI 方法。一个通用 BCI 平台可以极大地加速这一过程，该平台能够支持各种 BCI 方法，并能促进数据和实验协议的互换。对通用 BCI 平台的需要催生出了本书下文所述的 BCI2000 系统。

1.3　概述

本书目的在于介绍 BCI2000 系统。由于 BCI2000 是一个针对实时数据采集、信号处理、刺激呈现的通用 BCI 开发系统,本书是为广大学生和研究者从事实时 BCI 系统设计的入门砖。值得一提的是,BCI2000 不是一般的信号处理工具箱,也不是一个 BCI 演示(DEMO)集合,而是一个稳定且强大的多种实验框架体系,相信 BCI2000 系统和本书所做的介绍对于在该领域有研究兴趣的人是很有帮助的。

因为目前关于 BCI 研究尚未有全面、系统的教育课程或书籍,因此,我们觉得有必要在书中对 BCI 系统基本知识的各个方面进行介绍。其中包括相关传感器、有关的大脑信号、记录方法和 BCI 信号处理等。这些背景知识为介绍 BCI2000 系统打下了基础,也是了解 BCI2000 最重要特征的开始。随后介绍的是用户指南和编程指南,以及关于最新概念和实验的讨论。本书的结尾包括了该领域全面的技术文献参考。

我们在这本书里使用了一些文字显示格式来描述 BCI2000,或进行详细讲解。这里简要介绍一下这些显示格式。

- 在 BCI2000 或其他程序中,菜单项显示为文件。
- 在 BCI2000 或其他程序中,按钮文字也显示为开始。
- 参数名称(如在 BCI2000 的配置窗口中)显示为对象名。
- 在测试过程中,显示的消息出现在屏幕上。
- 网址,如www.bci2000.org,附有下划线表示。
- 文件的位置显示为如下形式:c: /BCI2000/prog/operat.exe。
- C++代码段显示为 cout << "Hello World." << endl。

参 考 文 献

[1] Birbaumer N, Ghanayim N, Hinterberger T, et al. A spelling device for the paralysed. Nature,1999, 398 (6725): 297 – 298.

[2] Chen Y L, Tang F T, Chang W H, et al. The new design of an infrared – controlled human – computer interface for the disabled. IEEE Trans. Rehabil. Eng. ,1999, 7: 474 – 481.

[3] Damper R I, Burnett J W, Gray P W, et al. Hand – held text – to – speech device for the non – vocal disabled. J. Biomed. Eng. ,1987, 9: 332 – 340.

[4] Donoghue J P, Nurmikko A, Black M, et al. Assistive technology and robotic control using motor cortex ensem-

ble – based neural interface systems in humans with tetraplegia. J. Physiol. ,2007, 579(3): 603 –611.

[5] Farwell L A, Donchin E. Talking off the top of your head: toward a mental prosthesis utilizing event – related brain potentials. Electroencephalogr. Clin. Neurophysiol,1988, 70(6): 510 –523.

[6] Ferguson K A, Polando G, Kobetic R, et al. Walking with a hybrid orthosis system. Spinal Cord,1999, 37: 800 –804.

[7] Gao X, Xu D, Cheng M, et al. A BCI – based environmental controller for the motiondisabled. IEEE Trans. Neural Syst. Rehabil. Eng. , 2003, 11(2): 137 –140.

[8] Gerhardt L, Sabolcik R. Eye tracking apparatus and method employing grayscale threshold values US Patent, 5481622. 1996.

[9] Grauman K, Betke M, Gips J, et al. Communication via eye blinks – detection and duration analysis in real time. In: 2001 IEEE Computer Society Conference on Computer Vision and Pattern Recognition. Los Alamitos: IEEE Comput. Soc. , 2001.

[10] Hochberg L R, Serruya M D, Friehs G M, et al. Neuronal ensemble control of prosthetic devices by a human with tetraplegia. Nature,2006, 442(7099): 164 –171.

[11] Hoffer J A, Stein R B, Haugland M K, et al. Neural signals for command control and feedback in functional neuromuscular stimulation: a review. J. Rehabil. Res. Dev. ,1996, 33:145 –157.

[12] Kennedy P R, Bakay R A, Moore M M, et al. Direct control of a computer from the human central nervous system. IEEE Trans. Rehabil. Eng. ,2000, 8(2): 198 –202.

[13] Kilgore K L, Peckham P H, Keith M W, et al. An implanted upper – extremity neuroprothesis: follow – up of five patients. J. Bone Jt. Surg. ,1997, 79 – A: 533 –541.

[14] Kübler A, Kotchoubey B, Hinterberger T, et al. The Thought Translation Device: a neurophysiological approach to communication in total motor paralysis. Exp. Brain Res. ,1999, 124(2): 223 –232.

[15] Kübler A, Nijboer F, Mellinger J, et al. Patients with ALS can use sensorimotor rhythms to operate a brain – computer interface. Neurol. 2005, 64(10): 1775 –1777.

[16] Kubota M, Sakakihara Y, Uchiyama Y, et al. New ocular movement detector system as a communication tool in ventilator – assisted Werdnig – Hoffmann disease. Dev. Med. Child Neurol. ,2000, 42: 61 –64.

[17] LaCourse J R, Hludik F C Jr. An eye movement communication – control system for the disabled. IEEE Trans. Biomed. Eng. ,1990, 37: 1215 –1220.

[18] McFarland D J, Neat G W, Wolpaw J R. An EEG – based method for graded cursor control. Psychobiol, 1993, 21: 77 –81.

[19] Millán J del R, Renkens F, Mouriño J, et al. Noninvasive brain – actuated control of a mobile robot by human EEG. IEEE Trans. Biomed. Eng. ,2004, 51(6): 1026 –1033.

[20] Müller K, Blankertz B. Toward noninvasive brain – computer interfaces. IEEE Signal Process. Mag. , 2006, 23(5): 126 –128.

[21] Pfurtscheller G, Flotzinger D, Kalcher J. Brain – computer interface – a new communication device for handicapped persons. J. Microcomput. Appl. ,1993, 16: 293 –299.

[22] Pfurtscheller G, Guger C, Müller G, et al. Brain oscillations control hand orthosis in a tetraplegic. Neurosci. Lett. ,2000, 292(3): 211 –214.

[23] Santhanam G, Ryu S I, Yu B M, et al. A high – performance brain – computer interface. Nature,2006, 442 (7099): 195 –198.

[24] Serruya M, Hatsopoulos N, Paninski L, et al. Instant neural control of a movement signal. Nature,2002, 416 (6877): 141 −142.

[25] Sutter E E. The brain response interface: communication through visually guided electrical brain responses. J. Microcomput. Appl. ,1992, 15: 31 −45.

[26] Taylor D M, Tillery S I, Schwartz A B. Direct cortical control of 3D neuroprosthetic devices. Science,2002, 296: 1829 −1832.

[27] Vaughan T M, McFarland D J, Schalk G, et al. The Wadsworth BCI research and development program: at home with BCI. IEEE Trans. Neural Syst. Rehabil. Eng. ,2006, 14(2): 229 −233.

[28] Wessberg J, Stambaugh C R, Kralik J D, et al. Real − time prediction of hand trajectory by ensembles of cortical neurons in primates. Nature,2000, 408: 361 −365.

[29] Wolpaw J, McFarland D. Control of a two − dimensional movement signal by a non − invasive brain − computer interface in humans. Proc. Natl. Acad. Sci. ,2004, 101: 17849 −17854.

[30] Wolpaw J R, McFarland D J, Neat G W, et al. An EEG − based brain − computer interface for cursor control. Electroencephalogr. Clin. Neurophysiol. ,1991, 78(3): 252 −259.

[31] Wolpaw J R, Birbaumer N, McFarland D J, et al. Brain − computer interfaces for communication and control. Electroencephalogr. Clin. Neurophysiol, 2002,113(6): 767 −791.

第 2 章　　脑传感器和信号

2.1　相关传感器

　　监测大脑活动的传感器有多种,原则上为 BCI 研究提供了基础。除了脑电图(EEG)和更具侵入性的电生理学方法,像皮层脑电图(ECoG)、大脑单个神经元的记录,还包括脑磁图(MEG)、正电子放射层扫描法(PET)、功能性磁共振成像(fMRI)和光学成像(如功能性近红外光学成像(fNIR))。然而,技术上的高要求和昂贵的价格使得上述方法在广泛应用方面受到了限制。尽管存在一些障碍,最近一些研究还是探讨了这些有关 BCI 研究方法的价值[10,11,42,60,82,97,98,108-110,118]。此外,PET、fMRI 和fNIR 都依赖于代谢过程,有较长的时间周期,因此不太适合快速脑机沟通。目前,非侵入性和侵入性电生理学方法(如 EEG、ECoG 和单神经元记录,见图 2.1)是唯一使用相对简单和廉价的设备并且具有高时间分辨率的方法。因此,这三种选择是目前仅有的能够实现一种新的非肌肉沟通和控制通道——实用 BCI 的方法。

　　第一个也是具有最少侵入性的选择是 EEG,它是从头皮记录的[6,22,39,40,54,59,61,64,73,76,101,106,114,116,117]。这些 BCI 接口在二维和三维光标移动中证实了比原先假设具有更高的性能[59,66,114]。然而,高性能控制权的获得通常需要大量的用户培训。而且,EEG 的空间分辨率低,这最终限制了可获取信息的数量,同时也容易受其他伪迹的影响。

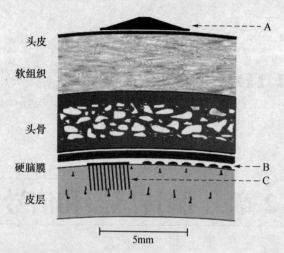

图 2.1 几种用于 BCI 研究的常用方法。A：电极非侵入性地放置在头皮（EEG）。B：电极放置在大脑表面（ECoG）。C：电极侵入性地放置在大脑内（单神经元记录）。（来自文献[112]）

第二个选择是用 ECoG，它是从皮质表面记录的[23,46,47,111]。与 EEG 相比，它有更高的空间分辨率（十分之几毫米/厘米[25]），更大的频宽（即 0 ~ 500Hz[99]/0 ~ 50Hz），更高的特征幅度，而且不容易受机电信号等伪迹和环境噪声等的影响。虽然它具有侵入性，但使用这些不穿透皮层的电极可以把良好的信号保真度和长时间稳定性结合起来[7,49,52,119]。

第三个也是具有最多侵入性的选择是用微电极测量大脑中多个神经元的局部活动（即动作或场电位）[21,32,45,67,84,92,95,103]。皮层信号记录有更高的准确性，而且它所支持的 BCI 系统比基于 EEG 的 BCI 系统需要的用户训练更少。但是目前，皮层内的 BCI 接口的临床实验面临着几个难题：难以获得长期稳定的记录[20,93,100]、单神经元记录所需的大量技术要求、需要相关专家长时间连续地观察。因为这些原因，迄今为止几乎所有已经实现的 BCI 实例以及本书所用的例子都是采用 EEG 和 ECoG 记录的。

2.2　大脑信号与特征

2.2.1　用大脑信号交流

直接在大脑和外部设备之间成功建立一个新的沟通通道取决于两个条件：①利用适当的传感器有效地测量能够反映人类意图的大脑信号特征。正如上一节所述,已有多种传感器可以检测相关信号。但是仅考虑实用性和速度这两个因素,就可以排除大多数选择,所以迄今为止几乎所有的 BCI 系统都是利用传感器在头皮、在大脑表面,或者在大脑内来检测电生理学信号。对于人类来说,出于安全性和稳定性的考虑,大多数研究都限制在头皮的脑电图(EEG)记录。②沟通语言的定义(即大脑信号特征,如在特定位置所测得的时域或频域特征),这样,正如在其他交流系统中一样,用户可以使用这种语言符号进行沟通,计算机可以检测到这些符号并实现这一意图。

两个原因使得 BCI 沟通语言不能完全任意地定义。首先,大脑可能根本无法自然产生这门语言某些符号的能力。例如,我们可以指定某任意定义的语言为某特定位置两个不同频带之间的振幅相干性(coherence),它的符号可以是离散的相干性振幅,但大脑可能根本没有在这些频率和位置产生相干振幅变化。其次,大脑可能能够产生这种语言符号,但可能无法利用它们来表达意图。例如,我们可以将大脑视觉区域 10Hz 调幅信号做任意语言定义。很多研究表明,特定频率的重复视觉刺激(如 10Hz)可以引起大脑的振荡反应[63],所以显然大脑可以本能地在 10Hz 调节行为并使用该任意定义的语言产生不同的符号。但是如果没有视觉刺激,大脑可能无法产生这些符号,或者不能用这些符号表达意图。

总之,对于选择哪种最适合 BCI 交流的语言(即大脑信号)没有任何理论依据。此外,任何成功的临床 BCI 实验一定会受到实际考虑的影响,如风险、收益和价格。因此,目前考虑到这些限制因素尚不清楚哪种脑信号和哪种传感器模式(EEG、ECoG 或单个神经元记录)最终是最有利的。但是,实验证明可以为选取哪种脑信号作为 BCI 接口通信提供指导。例如,许多研究表明特定的想象的任务(例如,手的移动)对特定的大脑信号有可检测的影响。利用这一现象,人们可以通过想象手的移动来进行一些简单信息的交流。其他研究表明,呈现期望的刺激可以产生可检测的大脑信号反应。通过呈现多种刺激和检测对刺激的反应,人们可以传达出他们所期望的事物。这两种可能性都代表了与人类 BCI 沟通关系最密切的现象,并在以下两部分进行了更详细的描述。

2.2.2 Mu/Beta 振荡和 Gamma 活动

如果人没有主动参与运动行为及感觉加工或想象这种运动和加工[24,27,37,69],大多数人在 8Hz ~ 12Hz 频率波段的感觉区域的脑电图都表现出明显的振荡(图 2.2)。这种振荡通常称为 Mu 节律,是由丘脑皮层的回路产生[69]。最初因为缺少现代的采集和处理方法使得我们无法探测 Mu 节律,但是基于电脑的分析显示 Mu 节律事实上存在于大多数的人中[70,71]。这种分析还表明 Mu 节律通常与 18Hz ~

25Hz 的 Beta 节律有关。尽管有些 Beta 节律是 Mu 节律的谐波,一些 Beta 节律仍然可以通过其分布和产生时间同 Mu 节律相区分,因此至少看起来是独立的 EEG 特征[57,70,71]。

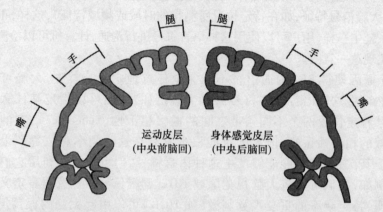

图 2.2 上方的脑图为运动部分(左)和感觉(右)皮质区的垂直剖面图。运动皮层显示为红色。运动皮层的特定区域与特定肢体的功能相联系(即"运动小矮人")。同样,感觉皮层显示为蓝色。感觉皮层的特定区域与不同肢体的感觉功能相联系(即"感觉小矮人")

因为 Mu/Beta 节律变化都与人类正常的运动/感觉功能相关,所以它们可以作为 BCI 通信的良好信号特征。运动或是运动准备,但一般与运动方向等运动的具体细节无关,如方向[104],通常伴随着感觉运动皮层 Mu 和 Beta 活动的减少,特别是运动对侧的皮层。此外,在运动想象(即想象的运动)中也会发生 Mu 和 Beta 节律的变化[57,72]。由于人们不参与实际运动就可以改变这些节律,所以它们适合作为 BCI 研究的依据。图 2.3 显示了 EEG 中 Mu 和 Beta 节律调节机制的基本现象。

类似于 EEG,使用 ECoG 记录在 Mu 和 Beta 波段的活动也会随运动任务[12,14,28,48,62,77,96]而减少。此外,在 Gamma 范围内(即大于 40Hz)发现这些活动程度随这些任务增加[13,47,48,62]。除个别例外,这些与任务相关的高频率变化在 EEG 中则没有检测到。有迹象显示,Gamma 活动反映了本地神经元组的活动[41,62],从而成为能够最直接反应动作具体细节的信号。事实上,最近的研究表明 Gamma 活动与手移动的具体运动参数间存在联系[9,79,83,86]。

总之,很多研究表明利用 EEG[36,54,61,64,73,113-116] 或者 ECoG[23,46,47,87,111],人类可以通过运动想象调节 Mu、Beta 或 Gamma 频带的活动,从而控制 BCI 系统。

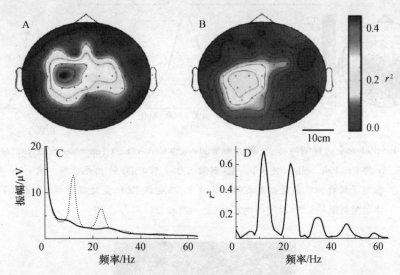

图 2.3 Mu 和 Beta 节律信号的实例(从文献[85]中修改得到)。A、B:头皮脑电差异分布图(用 r^2 作为测度(单个实验方差的比例由任务决定)),计算实际(A)和想象(B)右手运动,与休息三种状态位于以 12Hz 为中心的 3Hz 频段。C:对比休息(虚线)和想象(实线)信号(即 C3(见文献[94])),左边感觉运动皮层上方一个不同对象的电压谱例子。D:休息对比想象对应的 r^2 谱,信号调制集中在感觉运动皮层及 Mu 和 Beta 节律的频带

2.2.3 P300 诱发电位

除了运动行为和运动想象可以用来调节的大脑反映,诱发电位对 BCI 操作也同样有用。例如,过去 40 年的许多研究表明在顶叶皮层的 EEG 中的非频发刺激通常在刺激后大约 300ms 会引正响应(称为"P300"或"oddball"电位)(见文献[17,102,107];[15,18,80],图 2.4)。P300 电位幅值在颅顶电极点最大,随着记录点往中间和正面移动逐渐递减[15]。产生清晰的诱发 P300 电位要满足四个条件。①有一个随机出现的刺激序列;②必须有一个分类规则把一系列的事件分成两类;③用户的任务必须需要使用这个规则;④其中一类事件不经常发生[16]。

使用满足这四个条件的实验范式,P300 电位在很多研究中被用来作为 BCI 系统的基础[1,5,19,22,33,68,78,88-91,106]。Donchin 和同事发明的经典的实验范式是一个字符矩阵(图 2.5)。矩阵中的行和列以较快的速度连续随机地闪烁(每秒 8 次)。用户选择其中一个字母并集中注意力观察这个字母,同时要数出这个字母闪了多少

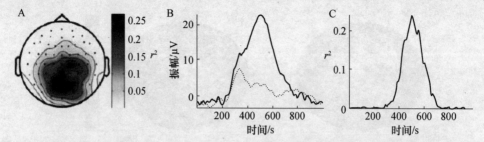

图 2.4　P300 响应的样例特征。（数据由 Wadsworth Center/East Tennessee State University 的 Dr. Eric Sellers 提供）。左：刺激 500ms 后 P300 的拓扑分布。用 r^2 测量，在期望刺激和非期望刺激之间计算。中：在电极 Pz 位置处期望刺激（实线）与非期望刺激（虚线）时间与电压的图。右：相应时间与 r^2 图

图 2.5　Donchin 发明的基于 P300 的经典拼写模式[19, 22]。矩阵的行和列会随机闪烁。包含所需字符的行和列会诱发 P300 电位

次。包含该字母的行或列的闪烁引起了 P300 响应，而其他的没有。经过计算几次响应的平均值，计算机可以推断出用户所关注的行和列（P300 振幅最高的行和列）进而得到相应的字符。

2.3　脑电图记录（EEG）

2.3.1　介绍

在讨论了 BCI 操作中最常用的大脑信号后，本节介绍脑信号记录中的有关原则和通常会遇到的伪迹信号类型。这些描述主要集中在脑电图（EEG）。相同的一般原则也适用于 ECoG 记录。尽管大部分类型的伪迹只存在于 EEG 中，在

ECoG 中也可以检测到伪迹的存在[3]。用不同类型的金属电极放在头皮或者大脑表面来探测大脑信号，这些电极测量反映大脑神经元活动的微小电位。为了检测这些信号的微小幅值，它们首先要被放大。任何生物信号放大器都是测量两个电极之间的电位差。在大多数 BCI 系统中，这两个电极的第二个总是相同的，即测量是"单极"而不是"双极"。换句话说，所有的测量电极电位都参考一个共同的电极，这个电极被称为"参考电极"，经常标记为 Ref。为了提高信号的质量，放大器需要一个接地的电极，这个电极通常记为 Gnd。

EEG 的电极是用导电膏粘在头皮上的小金属片。这些电极可以由各种材料做成，最常用的是锡，当然金、白金、银、氯化银也都可以。锡电极相对廉价而且性能好，常用在 BCI 相关的应用中。同时，锡电极由于引进了低于 1 Hz 的低频漂移噪声，所以在一些应用中它并不合适（如皮层慢电位测量或低噪声诱发电位记录）。

一个重要而且容易忽视的细节：不同材料混合制成的电极在同一个记录中会导致电极之间的直流电压偏移。这些偏移是由电化学接触电位引起的，而且通常振幅比典型放大器可以容忍的偏差要大。这使得信噪比大大减少。因此，在特定的记录中必须使用同种材料所制的电极。

2.3.2 电极的命名和定位

EEG 应用的标准的命名和定位方案被称为 10 – 20 国际体系[35]，它是基于头皮上一条迭代细分的弧线，从头骨的指定参考点开始：鼻根（Ns）、枕骨隆突（In），以及左右耳前点（分别为 PAL 和 PAR）。纵向线和横向线的交点被称为顶点，见图 2.6A。10 – 20 国际体系最初只包含 19 个电极（图 2.6B[35]），后来逐渐增加到 70 多个电极（图 2.6C[94]）。这个扩展分别命名为电极 T_3，T_5，T_4 和 T_6，以及 T_7，

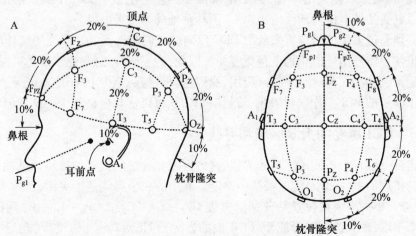

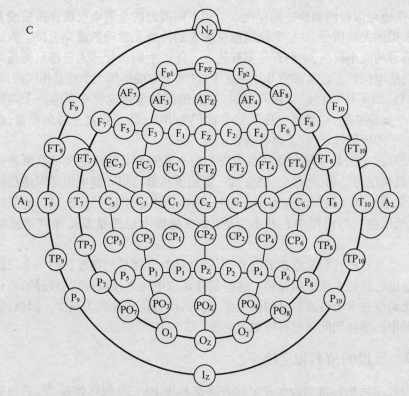

图 2.6 最初的 10 – 20 电极方案（图 A 和 B，按照参考文献［35］重新绘制）。扩展后定义了 70 多个位置（图 C，按照参考文献［94］重新绘制）

P_7, T_8 和 P_8。有时，上述电板中的一个会被用作参考电极。更多的时候，耳垂或乳突处（即耳朵后侧突出的骨头）的电极被作为参考电极。如一个典型的记录方法是以乳突处的电极为地面电极，另一侧耳垂处的为参考电极。

必须通过多个信号位置来获取 EEG 以确保我们能得到 BCI 研究的最佳位置，同时也使得信号伪迹的识别变得更容易。因此，为了研究，强烈建议从尽可能多的位置记录，至少 16 个。对于临床应用，我们建议最初从至少 16 个地点记录。一旦建立了有效的 BCI 操作同时确定了最佳位置，就可以优化电极较少的位置记录。

2.3.3 BCI 重要的大脑区域和界线

大脑分成几个不同的区域和界线，这些区域和界线的大概位置可以从图 2.6C 所画的扩展的 10 – 20 系统电极法中确定。其中的一个界线是中央沟，也称 Rolandic 裂缝。中央沟大概位置是分别沿电极 CP_Z – C_2 – C_4 和 CP_Z – C_1 – C_3 间的线。在每个半球，中央沟把脑分成额叶（正面的方向，即正对鼻子）和顶叶（在后方向，即对着头后面)。在众多区域中,额叶包含初级运动皮层,这是大脑中最直接参与运动执行的区域。顶叶包含初级感觉皮层,这个区域与初级运动皮层相临,是大脑中最直接处理身体不同部分感觉信息的地方。另外一条重要的界线是 Sylvian 裂缝,也称侧沟。它分别沿着 $CP_6 - C_6 - FT_8 - FT_{10}$ 和 $CP_5 - C_5 - FT_7 - FT_9$ 延伸。它把负责听觉处理和记忆的区域颞叶与额叶和顶叶分隔开。

2.3.4 使用电极帽

把许多电极放在头皮的准确位置是一项很费时的事情,而且需要大量练习。脑电图(EEG)帽极大地简化了这一过程。这些帽子都是由弹性织物制成的(通常有不同的规格可以选择),其中电极已经固定在正确的位置。在这些帽子上安装电极的技术方法如下:

(1)用签字笔或者类似的方法在受试者的头皮上标记顶点,然后如图 2.6A 所示,首先定位受试者的鼻骨和枕骨隆突。用卷尺测出两个定位点之间的距离。这两个点之间的中间点是顶点,在这个点上打上记号以便后面参考(其他 10 个 ~ 20 个点可以用类似的方法定位)。

(2)在头皮上标记 F_{pz} 和 O_z 两个点,F_{pz} 点到鼻骨的距离是鼻骨到枕骨隆突距离的 10% ,O_z 点到枕骨隆突的距离是鼻骨到枕骨粗隆距离的 10% 。

(3)确定脑电图帽上的 C_z 电极,并将电极帽上的 C_z 电极放置于定点位置。

(4)保持 C_z 点固定,戴上电极帽。

(5)当确定 C_z 点没有移动,调整帽子使 $F_z - C_z - P_z$ 这条线处在中间位置,$F_{p1} - F_{p2}$ 连线水平,并与标记 F_{pz} 持平;$O_1 - O_2$ 连线水平,与标记 O_z 持平。

(6)现在可以固定 Ref 和 Gnd 电极。在几个典型的配置中都有这些电极的安装方法。一种常见的配置是把 Ref 电极与耳垂相连,把地面电极与头同侧的乳突相连。另一种可能的配置是把 Ref 与乳突相连,Gnd 与另一侧的乳突相连。选择哪种配置取决于具体电极帽的要求,有些可以把参考和地面电极从帽中分离,也有的直接将电极嵌入帽中。

2.3.5 去除伪迹和噪声源

2.3.5.1 介绍

输电线使用频率为 50Hz 或者 60Hz 的正弦电压,当然这取决于具体的国家。一般来说,在欧洲、亚洲、非洲和南美部分地区使用 50Hz;北美和南美部分地区使用 60Hz。电压通常是 110V 或 230V,是 EEG 电压 $50\mu V \sim 100\mu V$ 的 2 百万倍,或 126dB。因此,在 EEG 记录中电源干扰无处不在,在一些专门配置屏蔽的房间以外记录尤其严重。大多数的 EEG 放大器提供了一个称为陷波滤波器的装置,它可以抑制电力线频率上下的一个窄段中的信号。

放大器陷波滤波器的设置是为了抑制一定数量的电源干扰。然而往往因为电极的高阻抗特性,信号在经过放大器陷波滤波器后还存在一定的电源干扰(图2.7)。

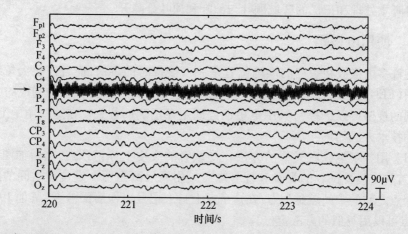

图2.7 电源线干扰产生的伪迹。这幅图显示了一个信号通道(用箭头标记)被一个规则的高频(即60Hz)噪声所干扰

2.3.5.2 眼睛眨动伪迹

眼睛眨动伪迹的产生是因为有眼睑沿着角膜的快速移动,如眨眼睛。由于眼睑和角膜之间的摩擦,这个运动过程导致了电荷的分离,出现一个显性偶极电荷分布,电偶极矩指向上下方向。在脑电图中,这种影响被记录为一个正峰值,持续零点几秒在额极区最为突出,但是当传播给装配的所有电极时,随着与前额的距离逐渐衰减。

眼睛眨动伪迹在 Alpha 频段(10Hz 左右)的影响可以忽略不计(图2.8),所以它们对感觉运动节律的使用没有很强的影响。但同时,它们的时域振幅很大以至于在时域上分析时(如计算 P300 波形平均值),由于它们的存在受到严重影响。

2.3.5.3 眼球运动伪迹

眼睛的伪迹(眼电图(EOG)信号)是由眼睛运动产生的,原理与上述眨眼睛的摩擦机制类似,只是其中并不只是角膜,同时也包括视网膜。眼球运动伪迹对额极和额颞电极的影响是否对称取决于眼球运动是沿水平方向还是垂直方向。眼球运动伪迹对时域和频域分析的影响与眨眼睛的类似,只是它的频率更小,幅值更大(图2.9)。

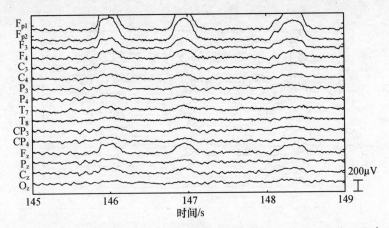

图 2.8 眨眼伪迹。这幅图显示了眨眼伪迹造成信号干扰的例子。这些伪迹在通道(通道 F_{p1} 和 F_{p2})最突出,但对所有通道都有影响

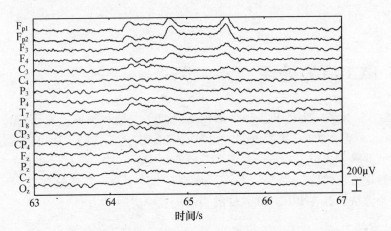

图 2.9 眼球运动伪迹。眼球运动对很多通道都有显著的影响。见这个记录早期、中期和后期正负偏移

2.3.5.4 肌肉运动伪迹

在每个记录的开头和整个记录过程中都必须仔细检查并检验肌肉的伪迹(肌电(EMG)信号,图 2.10)。因为肌电图信号的频率分布很广,所以它们在 Mu 和 Beta 频率范围对振幅有深远影响。最常见的肌电信号来源是眼皮运动和咀嚼运动。这两种肌肉群都可能在实验中无意收缩。保持嘴微微张开(或者让舌尖处于牙齿之间)是一个避免下巴产生肌电图信号的有效策略。

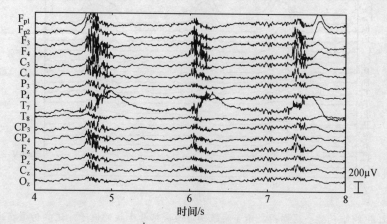

图 2.10　肌肉运动伪迹。许多通道表现出高频噪声,与电源线干扰不同,这种噪声随时间变化很大

2.4　BCI 信号处理

　　2.3 节讲述了与人类 BCI 研究最相关的两个时域和频域现象,即 Mu/Beta 节律和 Gamma 活动、P300 诱发电位。很多研究表明,用不同的方法可以对这些现象提取特征并转化成设备控制命令。目前所有使用的方法都列在近期有关 BCI 特征提取和转化方法的综述中[4, 50, 58]。下面各节描述了一个实现这些技术的分析方法。这个方法已经在 BCI2000 软件的实例配置中实现。

2.4.1　介绍

　　BCI 信号处理是一个难题,不仅要面对通信系统中一些典型问题(如信号在传输过程中的噪声污染),甚至连在最初和随后的操作都无法确定哪个大脑信号承载着人们想交流的信息。换句话说,BCI 信号处理的任务就是对一个我们了解不多的语言进行解码。幸运的是,实验证明可以为我们提供一些基本指导。这些指导来自于观察特定的任务(如想象中的手部动作)对于特定的大脑信号有特定的影响(特定位置测量的 Mu 节律)。但是即使有了这个信息,信号和任务的选择仍然是困难的,因为它可能并不是最优的(一个其他完全不同的信号和任务可能提供更好的表现),而且必须为每个个体进行优化。换言之,即使只考虑一个可能的生理信号(如 Mu 节律),也必须为每个个体选择想象任务、最好的频率和最佳的位置。可以把信号和任务选择的难度看成是 BCI 通信的信号识别问题。假设已经确定一个良好的候选信号,传统的 BCI 信号处理方法分两个步骤把这些信号转化成设备命令:特征提取和转换算法①。

特征提取分成两个过程:空间滤波和时间滤波。每个过程都有不同的实现方式。下面各节描述与感觉运动节律及 P300 信号处理相关的实现(图 2.11)。

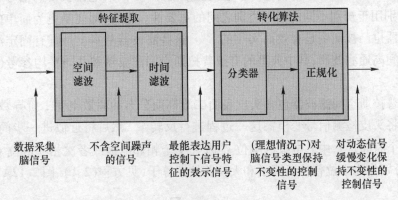

图 2.11 利用 BCI2000 的信号处理模型。这个模型包括特征提取和转化,可以描述所有常见的 BCI 方法

2.4.2　空间滤波

特征提取的第一步是进行空间滤波,这个过程或许有多种实现的方式。空间滤波的目的是为了减少空间模糊的影响。传感器和信号源这两者间的距离以及它们之间的组织的不均匀会产生空间模糊。我们尝试用不同的方法来减少空间模糊从而提高信号保真度。使信号清晰的最精密方法是使用为每个用户都进行优化的真实头部模型,它的参数取自许多来源,如磁共振成像[44]。虽然在精确控制的实验中这些方法确实提高了信号的质量,但目前在大多数的实现和临床应用中并不适用。其他方法并不需要复杂模型的外部参数,只要简单的信号提交即可驱动。例如,独立成分分析(ICA)已经被用来把脑信号分解成独立的成分,从而获得更有效的信号表达(这种方法在显微镜应用中称为盲卷积[105])。虽然这些方法比那些更全面的建模方法要求低一些,但是它们需要大量充分的数据进行校对,而且它们

---

① 在本书中,我们使用转换算法(translation algorithm)而不是用分类算法(classification algorithm)是因为,通常 BCI 信号处理产生的设备控制信号都是连续的,使用转换算法比分类算法更妥当,而分类算法通常用于输出离散信号的情形。

产生的输出信号不一定对应于大脑的实际生理来源。此外,虽然 ICA 优化了大脑信号的统计独立性,导致了更紧凑的信号表达,但是它并不能保证在不同任务中不同大脑信号的识别能力得到优化。因此,对典型 BCI 实验,这些复杂的基于模型和数据驱动的方法并不一定适合或可取。一种更加合适的技术是共同空间模式(CSP)[29,81]。这种技术将创建一个空间滤波器(即不同的电极获得的信号权重不同),分别用于辨别不同的信号类别之间的重要性。最终,即使是更为简单的去模糊滤波器也已被证明是有效而实用的[56]。这些滤波器基本上是具有固定滤波特性的空间高通滤波器,其中典型的有拉普拉斯空间滤波器和共同平均参考(CAR)滤波器。

拉普拉斯空间滤波器包含头皮表面二维高斯分布的离散空间二阶导数近似,它尝试将头皮检测信号变模糊这一过程进行反转[31],然后将近似进一步简化,使得在每个时间点 t,中心电极的电位 s_h 减去 4 个相邻电极或者次相邻电位 s_i 的加权和,分别作为小拉普拉斯算子和大拉普拉斯算子(见方程(2.1)、图 2.12A 、B)。

$$s'_h(t) = s_h(t) - \sum_{i \in s_i} w_{h,i} s_i(t) \tag{2.1}$$

在这个等式中,权重 $w_{h,i}$ 是目标电极 h 和它附近电极 i 之间距离 $d_{h,i}$ 的函数。

$$w_{h,i} = \frac{1}{d_{h,i}} \bigg/ \sum_{i \in s_i} \frac{1}{d_{h,i}} \tag{2.2}$$

在实践中,这个滤波器通常用简单的方法实现,即中心电势减去四个最相近电极的平均值(即每个邻近电极的权重为 -0.25)。

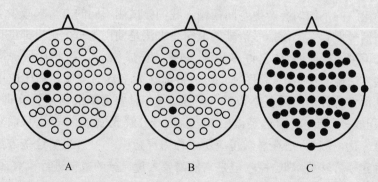

图 2.12　计算位置 C_3(见图 2.13)(空心圆)处不同空间滤波器所涉及的电极位置(实心圆)

A:小拉普拉斯;B:大拉普拉斯;C:常见平均参考(CAR)。

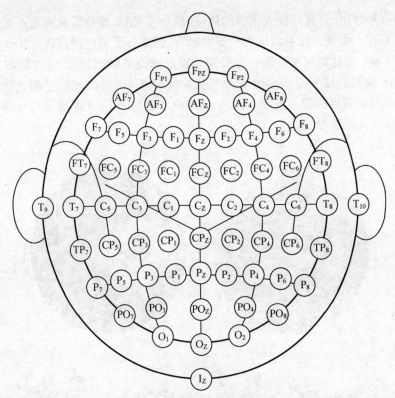

图 2. 13｜扩展的 10 – 20 电极法的 64 通道的电极设计（按照文献[94]重画）

　　共同平均参考滤波器是另一种可能的空间高通滤波器,通过计算所记录的所有 H 个电极的信号平均值作为估计参考点来重新定义每个时刻 t 每个电极 h 的电位(见方程(2.3)和图 2.12C)。换句话说,CAR 滤波器计算的是一个对所有电极都相同的信号幅度($\frac{1}{H}\sum_{i=1}^{H} s_i(t)$),然后在每个位置从信号 $s_h(t)$ 中减去。目前已经证实 CAR 和大拉普拉斯滤波器有相当好的性能[56]。

$$s'_h(t) = s_h(t) - \frac{1}{H}\sum_{i=1}^{H} s_i(t) \tag{2.3}$$

　　不论实现哪一种空间滤波器,它的目的都是使记录的信号变得更清晰,从而获得更加准确可信的大脑信号和/或从信号中去除参考电极的影响。图 2.14 的例子阐明了用 EEG 记录信号进行这一操作的结果。在该例中,脑电分布图说明了 CAR 滤波器对空间信号的影响:A 显示未经滤波的信号空间特征不明显,而在 B 中经过 CAR 滤波的信号重点显示了空间局部特征(颜色指示每个位置(用小圆点表示)时间信号与特定位置时间信号之间的相关系数 r,该特定位置用白五角星指示)。C

和 D 的信号时序(五角星位置测得的信号)说明了 CAR 滤波器对被右手运动抑制
的 Beta 节律的影响。绿色区域为受试者松开、握紧右手的时间过程。Beta 节律振
荡(约 25 Hz)在此期间被抑制。与 C 中未经过滤波的数据相比,这种影响在 D 中
经过 CAR 滤波的信号中表示得更加明显。同时,CAR 滤波器的应用去除了在 C
中可以见到的缓慢的信号波动。因此,这个例子说明了 CAR 滤波器可以消除一些
与手运动无关的信号变化。

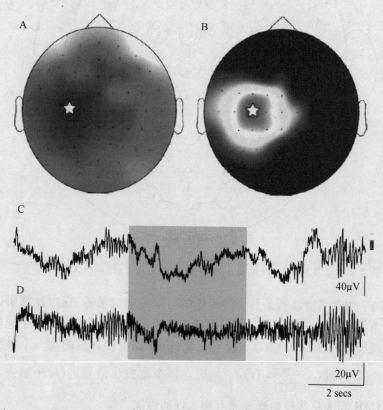

图 2.14 CAR 滤波器应用实例。绿色段为应用了 CAR 的部分(B 和 D),这一段相对于
没有应用 CAR 的部分(A 和 C),在空间上表现得更加具体,更加突出的 Beta 节
律抑制

　　特征提取的第二步也是最后一步是时间滤波器的应用。它的目的是将输入
信号映射到另一个表达空间里(如域),以使得被用户调制的大脑信号最佳表达
出来。P300 电位在时域上通常通过简单地把大脑对不同刺激的反映信号求平
均来获得。Mu 节律和 Beta 节律反映了振荡活动,它们通常在下面所述的频域
中获取。

2.4.3　特征提取:感觉运动节律

　　如前面所述,运动想象会使 Mu(8Hz～12Hz)或 Beta(18Hz～25Hz)频带产生变化。因此,尽管最近有论文提出一种时域匹配滤波器[38]可以更好地捕捉 Mu 节律的非正弦部分,但在处理 Mu 和 Beta 节律信号时最常用的还是频域。目前已经提出很多种方法可以把时域转化成频域,如快速傅里叶变换(FFT)、小波变换、自回归参数模型等。BCI 系统的要求往往决定了应该选择哪类转换方法。BCI 系统为闭环系统,需要每秒钟以最小群延迟提供多次反馈(大于 20Hz)。在一般情况下,没有一种方法可以同时实现时间和频率的高分辨率。然而,基于自回归模型的最大熵法[53]MEM 在给定的频率分辨率下比 FFT 和小波变换[53]有更好的时间分辨率(从而减少了群延迟),因此,更适用于 BCI 系统。不管怎么实现,时间滤波器的目的就是把 Mu 节律和 Beta 节律从时域信号 $s'_e(t)$ 转化为频域特征 $a_e(n)$。

　　作为它的功能的一个例子,图 2.15 显示了当被试者想象手的运动或者休息时,时间滤波器应用于头皮脑电数据。通过 MEM 算法,把经过 CAR 滤波后的每个通道的信号转化为频域信号,其中块长度为 400ms。在每一个电极位置都为手运动想象和休息两种情况生成了一个平均谱(图 2.15 的例子为 C_4 位置频谱)。想象

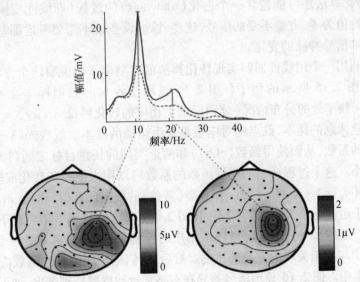

图 2.15　时间滤波器的分析实例。在本例中,记录了左手运动想象和休息时的 EEG 信号,两者(休息:蓝色实线,运动:红色虚线)的频谱存在差异,主要体现在频率(上方为频谱)和空间(下方为分布图),同时这些差异可用于 BCI 控制

运动(红色虚线)和休息(蓝色实线)的频谱之间的差异是显而易见的,在频率(大约为 11 Hz 和 22 Hz)和空间(右感觉运动皮层的位置 C_4 上)尤为突出(然而在这幅图中,频率为 22 Hz 处的活动可能只是频率为 11 Hz 处活动的谐波,因为有证据表明 Mu 节律和 Beta 节律之间的关系极为复杂[57])。换句话说,受试者通过特定运动的想象改变位于 C_4 位置和 11 Hz/22 Hz 频率处的信号幅值,因此可以用这种特定类型的想象来表达他的意图。

为了方便理解 BCI 信号处理的问题,前几节描述了 BCI 信号处理的第一部分:特征提取,它包含时间滤波和空间滤波两个过程。特征提取的目的是把在各种不同位置记录的大脑信号数字样本转化成表达人意图的特征(如频谱 $a_e(n)$)。BCI 信号处理的第二个部分是转化算法,它通过把这些特征转化成设备命令来实现意图。下面描述了一个转化算法的常用实现方法。

2.4.4 转化算法

BCI 信号处理的第二个部分是转化算法,它的主要过程是把一系列的大脑信号特征 $a_e(n)$ 转化为一系列控制输出设备的输出信号。传统的分类/回归方法可以实现这种转化。例如,已有的研究中曾经使用过线性判别分析[2]、神经网络[34,75]、支持向量机[26,30,43,65] 和线性回归方法[54,55]。为了抵消大脑信号的自发变化,这个转化算法还可能包含一个白化(whitening)的过程(即线性变换),这个过程产生了均值为零、方差不变的信号,这样,输出设备就不需要考虑那些与任务不相关的大脑信号特征的变化。

我们利用一个用线性回归实现转化算法的典型例子来说明这个方法的功能。数据来自图 2.15 所示的例子。图 2.16 显示了收集的数据样本在 C_4 位置和 11 Hz/22 Hz 频率处的分布情况(分别记录了相应的转化特征 $a_1(n)$,$a_2(n)$)。蓝点表示对应休息的样本,红点则对应想象左手运动的样本。线性回归方程决定了线性函数的系数,从而使得函数$(c(n))$和两个类间的任意目标之间(即 -1,$+1$)的误差最小。这个过程产生的线性函数的系数可以用来把特征转化成输出信号:$c(n) = 2560 a_1(n) + 4582 a_2(n)$。休息类(蓝色)的数据计算得到的值 $c(n)$ 的直方图与想象手运动这个类(红色)的不同(图 2.16B),这些显示了用户对于控制特定的信号有一定的水平。为了定量评估用户的控制水平,我们定义了 r^2 值,即输出信号$c(n)$中与类相关联的方差的比例。然后,我们把相同的线性函数应用在所有电极的样本中。图 2.16 显示信号差异在右感觉运动皮层特别突出,这正与我们预计的一样。

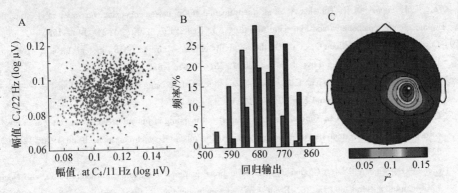

图 2.16 利用线性回归实现经典转化算法的例子。A：信号特征的分布（休息（蓝色点）和想象手运动（红色点）的这两个任务在 C_4 位置和 11Hz/22Hz 处的信号振幅）。B：线性回归应用于两个类的特征得到的输出值的直方图。C：与期望的一样，信号差异集中在右感觉运动皮层，详情见文本

　　总之，BCI 信号处理分成两个部分。第一部分，特征提取，提取反映人意图的大脑信号特征。第二部分，转化算法，把这些信号特征转化成能控制输出设备的输出信号。这个转化算法用传统的分类/回归方法实现。总之，本章介绍了 BCI 操作的有关原则和相关技术。第 3 章将讨论 BCI 平台的一般概念和怎么用 BCI2000 实现这些技术。

参 考 文 献

[1] Allison B Z. P3 or not P3：toward a better P300 BCI. PhD thesis. San Diego：University of California, 2003.

[2] Babiloni F, Cincotti F, Lazzarini L, et al. Linear classification of low – resolution EEG patterns produced by imagined hand movements. IEEE Trans. Rehabil. Eng. ,2007, 8(2)：186 – 188.

[3] Ball T, Kern M, Mutschler I, et al. Signal quality of simultaneously recorded invasive and non – invasive EEG. NeuroImage,2009, 46(3)：708 – 716.

[4] Bashashati A, Fatourechi M, Ward R K, et al. A survey of signal processing algorithms in brain – computer interfaces based on electrical brain signals. J. Neural Eng. ,2007, 4(2)：R32 – R57.

[5] Bayliss J D. A flexible brain – computer interface. PhD thesis. Rochester：University of Rochester,2001.

[6] Birbaumer N, Ghanayim N, Hinterberger T, et al. A spelling device for the paralysed. Nature,1999, 398 (6725)：297 – 298.

[7] Bullara L A, Agnew W F, Yuen T G, et al. Evaluation of electrode array material for neural prostheses. Neurosurg,1979, 5(6)：681 – 686.

[8] Chatrian G E. The mu rhythm. In：Handbook of Electroencephalography and Clinical Neurophysiology. The EEG of the Waking Adult. Amsterdam：Elsevier,1976.

[9] Chin C M, Popovic M R, Thrasher A, et al. Identification of arm movements using correlation of electrocortico-graphic spectral components and kinematic recordings. J. Neural Eng. ,2007, 4(2): 146–158.

[10] Coyle S, Ward T, Markham C, et al. On the suitability of near–infrared (NIR) systems for next–generation brain–computer interfaces. Physiol. Meas. ,2004, 25(4): 815–822.

[11] Coyle S M, Ward T E, Markham C M. Brain–computer interface using a simplified functional near–infrared spectroscopy system. J. Neural Eng. ,2007, 4(3): 219–226.

[12] Crone N E, Miglioretti D L, Gordon B, et al. Functional mapping of human sensorimotor cortex with electro-corticographic spectral analysis. i. Alpha and beta event–related desynchronization. Brain,1998, 121(12): 2271–2299.

[13] Crone N E, Miglioretti D L, Gordon B, et al. Functional mapping of human sensorimotor cortex with electro-corticographic spectral analysis. ii. Event–related synchronization in the gamma band. Brain,1998, 121 (12): 2301–2315.

[14] Crone N E, Hao L, Hart J, et al. Electrocorticographic gamma activity during word production in spoken and sign language. Neurol. ,2001,57(11): 2045–2053.

[15] Donchin E. Presidential address, 1980. Surprise!…Surprise? Psychophysiol,1981, 18(5): 493–513.

[16] Donchin E, Coles M. Is the P300 component a manifestation of context updating? Behav. Brain Sci. ,1988, 11(3): 357–427.

[17] Donchin E, Smith D B. The contingent negative variation and the late positive wave of the average evoked po-tential. Electroencephalogr. Clin. Neurophysiol,1970, 29(2): 201–203.

[18] Donchin E, Heffley E, Hillyard S A, et al. Cognition and event–related potentials. ii. The orienting reflex and P300. Ann. N. Y. Acad. Sci. ,1984, 425: 39–57.

[19] Donchin E, Spencer K M, Wijesinghe R. The mental prosthesis: assessing the speed of a P300–based brain–computer interface. IEEE Trans. Rehabil. Eng. ,2000, 8(2): 174–179.

[20] Donoghue J, Nurmikko A, Friehs G, et al. Development of neuromotor prostheses for humans. Suppl. Clin. Neurophysiol. ,2004, 57: 592–606.

[21] Donoghue J P, Nurmikko A, Black M, et al. Assistive technology and robotic control using motor cortex en-semble–based neural interface systems in humans with tetraplegia. J. Physiol. ,2007, 579(3): 603–611.

[22] Farwell L A, Donchin E. Talking off the to Pof your head: toward a mental prosthesis utilizing event–related brain potentials. Electroencephalogr. Clin. Neurophysiol. ,1988, 70(6): 510–523.

[23] Felton E A, Wilson J A, Williams J C, et al. Electrocorticographically controlled brain–computer interfaces using motor and sensory imagery in patients with temporary subdural electrode implants. Report of four cases. J. Neurosurg. ,2007, 106(3): 495–500.

[24] Fisch B. J. Spehlmann's EEG Primer, 2nd. Amsterdam: Elsevier,1991.

[25] Freeman W J, Holmes M D, Burke B C, et al. Spatial spectra of scalp EEG and EMG from awake humans. Clin. Neurophysiol,2003, 114: 1053–1068.

[26] Garrett D, Peterson D A, Anderson C W, et al. Comparison of linear, nonlinear, and feature selection meth-ods for EEG signal classification. IEEE Trans. Rehabil. Eng. ,2003, 11(2):141–144.

[27] Gastaut H. Etude electrocorticographique de la reactivite des rythmes rolandiques. Rev. Neurol. ,1952, 87: 176–182.

[28] Graimann B, Huggins J E, Schlögl A, et al. Detection of movement–related desynchronization patterns in on-

going single – channel electrocorticogram. IEEE Trans. Neural Syst. Rehabil. Eng. , 2003, 11 (3):
276 –281.

[29] Guger C, Ramoser H, Pfurtscheller G. Real – time EEG analysis with subject – specific spatial patterns for a
brain – computer interface (BCI). IEEE Trans. Rehabil. Eng. ,2000, 8(4): 447 –456.

[30] Gysels E, Renevey P, Celka P. SVM – based recursive feature elimination to compare phase synchronization
computed from broadband and narrowband EEG signals in brain – computer interfaces. Signal Process. ,2005,
85(11): 2178 –2189.

[31] Hjorth B. Principles for transformation of scalp EEG from potential field into source distribution. J. Clin. Neu-
rophysiol. ,1991, 8(4): 391 –396.

[32] Hochberg L R, Serruya M D, Friehs G M, et al. Neuronal ensemble control of prosthetic devices by a human
with tetraplegia. Nature,2006, 442(7099): 164 –171.

[33] Hoffmann U, Vesin J M, Ebrahimi T, et al. An efficient P300 – based brain – computer interface for disabled
subjects. J. Neurosci. Methods,2008, 167(1): 115 –125.

[34] Huan N J, Palaniappan R. Neural network classification of autoregressive features from electroencephalogram
signals for brain – computer interface design. J. Neural Eng. ,2004, 1(3): 142 –150.

[35] Jasper H H. The ten twenty electrode system of the international federation. Electroencephalogr. Clin. Neuro-
physiol. ,1958, 10: 371 –375.

[36] Kostov A, Polak M. Parallel man – machine training in development of EEG – based cursor control. IEEE
Trans. Rehabil. Eng. ,2000, 8(2): 203 –205.

[37] Kozelka J W, Pedley T A. Beta and mu rhythms. J. Clin. Neurophysiol. ,1990, 7: 191 –207.

[38] Krusienski D J, Schalk G, McFarland D J, et al. A mu – rhythm matched filter for continuous control of a
brain – computer interface. IEEE Trans. Biomed. Eng. ,2007, 54(2): 273 –280.

[39] Kübler A, Kotchoubey B, Hinterberger T, et al. The Thought Translation Device: a neurophysiological ap-
proach to communication in total motor paralysis. Exp. Brain Res. ,1999, 124(2): 223 –232.

[40] Kübler A, Nijboer F, Mellinger J, et al. Patients with ALS can use sensorimotor rhythms to operate a brain –
computer interface. Neurol. ,2005, 64(10): 1775 –1777.

[41] Lachaux J P, Fonlupt P, Kahane P, et al. Relationshi Pbetween task – related gamma oscillations and bold
signal: new insights from combined fMRI and intracranial EEG. Hum. Brain Mapp. ,2007, 28(12): 1368 –
1375.

[42] LaConte S M, Peltier S J, Hu X P. Real – time fMRI using brain – state classification. Hum. Brain Mapp. ,
2007, 28(10): 1033 –1044.

[43] Lal T N, Schroder M, Hinterberger T, et al. Support vector channel selection in BCI. IEEE Trans. Biomed.
Eng. ,2004, 51(6):1003 –1010.

[44] Le J, Gevins A. Method to reduce blur distortion from EEG's using a realistic head model. IEEE Trans. Bi-
omed. Eng. ,1993, 40(6): 517 –528.

[45] Lebedev M A, Carmena J M, O'Doherty J E, et al. Cortical ensemble adaptation to represent velocity of an ar-
tificial actuator controlled by a brain – machine interface. J. Neurosci. ,2005, 25(19): 4681 –4693.

[46] Leuthardt E, Schalk G, JR J W, et al. A brain – computer interface using electrocorticographic signals in hu-
mans. J. Neural Eng. ,2004, 1(2): 63 –71.

[47] Leuthardt E, Miller K, Schalk G, et al. Electrocorticography – based brain computer interface – the Seattle

experience. IEEE Trans. Neural Syst. Rehabil. Eng. ,2006, 14: 194 – 198.

[48] Leuthardt E, Miller K, Anderson N, et al. Electrocorticographic frequency alteration mapping: a clinical tech-
nique for mapping the motor cortex. Neurosurg. ,2007, 60: 260 – 270, discussion,270 – 271.

[49] Loeb G E, Walker A E, Uematsu S, et al. Histological reaction to various conductive and dielectric films chro-
nically implanted in the subdural space. J. Biomed. Mater. Res. ,1977, 11(2): 195 – 210.

[50] Lotte F, Congedo M, Lécuyer A, et al. A review of classification algorithms for EEG – based brain – computer
interfaces. J. Neural Eng. ,2007, 4(2): 1 – 1.

[51] Makeig S, Jung T, Bell A, et al. Independent component analysis of electroencephalographic data. In: Ad-
vances in Neural Information Processing Systems, Cambridge:MIT Press, 1996.

[52] Margalit E, Weiland J, Clatterbuck R, et al. Visual and electrical evoked response recorded from subdural
electrodes implanted above the visual cortex in normal dogs under two methods of anesthesia. J. Neurosci.
Methods,2003, 123(2): 129 – 137.

[53] Marple S L. Digital Spectral Analysis:With Applications. Englewood Cliffs:Prentice – Hall, 1987.

[54] McFarland D J, Neat G W, Wolpaw J R. An EEG – based method for graded cursor control. Psychobiol,
1993, 21: 77 – 81.

[55] McFarland D J, Lefkowicz T, Wolpaw J R. Design and operation of an EEG – based brain – computer interface
(BCI) with digital signal processing technology. Behav. Res. Methods Instrum. Comput. , 1997, 29:
337 – 345.

[56] McFarland D J, McCane L M, David S V, et al. Spatial filter selection for EEGbased communication. Electro-
encephalogr. Clin. Neurophysiol. ,1997, 103(3): 386 – 394.

[57] McFarland D J, Miner L A, Vaughan T M, et al. Mu and beta rhythm topographies during motor imagery and
actual movements. Brain Topogr. ,2000, 12(3): 177 – 186.

[58] McFarland D, Anderson C W, Müller K R, et al. BCI meeting 2005 – workshop on BCI signal processing:
feature extraction and translation. IEEE Trans. Neural Syst. Rehabil. Eng. ,2006, 14(2): 135 – 138.

[59] McFarland D J, Krusienski D J, Sarnacki W A, et al. Emulation of computer mouse control with a noninvasive
brain – computer interface. J. Neural Eng. ,2008, 5(2):101 – 110.

[60] Mellinger J, Schalk G, Braun C, et al. An MEG – based brain – computer interface (BCI). NeuroImage,
2007, 36(3): 581 – 593.

[61] Millán J del R, Renkens F, Mouriño J, et al. Noninvasive brain – actuated control of a mobile robot by human
EEG. IEEE Trans. Biomed. Eng. ,2004, 51(6): 1026 – 1033.

[62] Miller K, Leuthardt E, Schalk G, et al. Spectral changes in cortical surface potentials during motor move-
ment. J. Neurosci. ,2007, 27: 2424 – 2432.

[63] Morgan S T, Hansen J C, Hillyard S A. Selective attention to stimulus location modulates the steady – state
visual evoked potential. Proc. Natl. Acad. Sci. USA,1996, 93(10): 4770 – 4774.

[64] Müller K, Blankertz B. Toward noninvasive brain – computer interfaces. IEEE Signal Process. Mag. ,2006, 23
(5): 126 – 128.

[65] Müller K R, Anderson C W, Birch G E. Linear and nonlinear methods for brain – computer interfaces. IEEE
Trans. Rehabil. Eng. ,2003, 11(2): 165 – 169.

[66] Müller K R, Tangermann M, Dornhege G, et al. Machine learning for real – time single – trial EEG – analy-
sis: from brain – computer interfacing to mental state monitoring. J. Neurosci. Methods,2008, 167(1): 82 –

90.

[67] Musallam S, Corneil B D, Greger B, et al. Cognitive control signals for neural prosthetics. Science,2004, 305(5681): 258 −262.

[68] Neshige R, Murayama N, Tanoue K, et al. Optimal methods of stimulus presentation and frequency analysis in P300 − based brain − computer interfaces for patients with severe motor impairment. Suppl. Clin. Neurophysiol. ,2006, 59: 35 −42.

[69] Niedermeyer E. The normal EEG of the waking adult. In: Niedermeyer, E. , Lopes da Silva, F. H. (eds.) Electroencephalography: Basic Principles, Clinical Applications and Related Fields, 4th ed. Baltimore: Williams and Wilkins,1999.

[70] Pfurtscheller G. EEG event − related desynchronization (ERD) and event − related synchronization(ERS). In: Niedermeyer, E. , Lopes da Silva, F. H. (eds.) Electroencephalography: Basic Principles, Clinical Applications and Related Fields, 4th ed. Baltimore: Williams and Wilkins,1999.

[71] Pfurtscheller G, Berghold A. Patterns of cortical activation during planning of voluntary movement. Electroencephalogr. Clin. Neurophysiol. ,1989, 72: 250 −258.

[72] Pfurtscheller G, Neuper C. Motor imagery activates primary sensorimotor area in humans. Neurosci. Lett. , 1997, 239: 65 −68.

[73] Pfurtscheller G, Flotzinger D, Kalcher J. Brain − computer interface − a new communication device for handicapped persons. J. Microcomput. Appl. ,1993, 16: 293 −299. ·

[74] Pfurtscheller G, Neuper C, Kalcher J. 40 − Hz oscillations during motor behavior in man. Neurosci. Lett. , 1993, 164(1 −2): 179 −182.

[75] Pfurtscheller G, Neuper C, Flotzinger D, et al. EEG − based discrimination between imagination of right and left hand movement. Electroencephalogr. Clin. Neurophysiol. ,1997, 103(6): 642 −651.

[76] Pfurtscheller G, Guger C, Müller G, et al. Brain oscillations control hand orthosis in a tetraplegic. Neurosci. Lett. ,2000, 292(3): 211 −214.

[77] Pfurtscheller G, Graimann B, Huggins J E, et al. Spatiotemporal patterns of beta desynchronization and gamma synchronization in corticographic data during self − paced movement. Clin. Neurophysiol. ,2003, 114(7): 1226 −1236.

[78] Piccione F, Giorgi F, Tonin P, et al. P300 − based brain computer interface: reliability and performance in healthy and paralysed participants. Clin. Neurophysiol. ,2006, 117(3): 531 −537.

[79] Pistohl T, Ball T, Schulze − Bonhage A, et al. Prediction of arm movement trajectories from ECoG − recordings in humans. J. Neurosci. Methods,2008, 167(1): 105 −114.

[80] Pritchard W S. Psychophysiology of P300. Psychol. Bull. ,1981, 89(3): 506 −540.

[81] Ramoser H, Müller − Gerking J, Pfurtscheller G. Optimal spatial filtering of single trial EEG during imagined hand movement. IEEE Trans. Rehabil. Eng. ,2000, 8(4): 441 −446.

[82] Ramsey N F, van de Heuvel M P, Kho K H, et al. Towards human BCI applications based on cognitive brain systems: an investigation of neural signals recorded from the dorsolateral prefrontal cortex. IEEE Trans. Neural Syst. Rehabil. Eng. ,2006, 14(2): 214 −217.

[83] Sanchez J C, Gunduz A, Carney P R, et al. Extraction and localization of mesoscopicmotor control signals for human ECoG neuroprosthetics. J. Neurosci. Methods,2008, 167(1): 63 −81.

[84] Santhanam G, Ryu S I, Yu B M, et al. A high − performance brain − computer interface. Nature,2006, 442

(7099)：195 – 198.

[85] Schalk G, McFarland D, Hinterberger T, et al. BCI2000：a generalpurpose brain – computer interface（BCI）
system. IEEE Trans. Biomed. Eng. ,2004, 51：1034 – 1043.

[86] Schalk G, Kubánek J, Miller K J, et al. Decoding two – dimensional movement trajectories using electrocorti-
cographic signals in humans. J. Neural Eng. ,2007, 4(3)：264 – 275.

[87] Schalk G, Miller K J, Anderson N R, et al. Two – dimensional movement control using electrocorticographic
signals in humans. J. Neural Eng. ,2008, 5(1)：75 – 84.

[88] Sellers E W, Donchin E. A P300 – based brain – computer interface：initial tests by ALS patients. Clin. Neu-
rophysiol,2006, 117(3)：538 – 548.

[89] Sellers E W, Kübler A, Donchin E. Brain – computer interface research at the University of South Florida
Cognitive Psychophysiology Laboratory：the P300 Speller. IEEE Trans. Neural Syst. Rehabil. Eng. ,2006, 14
(2)：221 – 224.

[90] Sellers E W, Krusienski D J, McFarland D J, et al. A P300 event – related potential brain – computer inter-
face（BCI）：the effects of matrix size and inter stimulus interval on performance. Biol. Psychol. ,2006, 73
(3)：242 – 252.

[91] Serby H, Yom – Tov E, Inbar GF. An improved P300 – based brain – computer interface. IEEE Trans. Neu-
ral Syst. Rehabil. Eng. ,2005, 13(1)：89 – 98.

[92] Serruya M, Hatsopoulos N, Paninski L, et al. Instant neural control of a movement signal. Nature,2002, 416
(6877)：141 – 142.

[93] Shain W, Spataro L, Dilgen J, et al. Controlling cellular reactive responses around neural prosthetic devices
using peripheral and local intervention strategies. IEEE Trans. Neural Syst. Rehabil. Eng. ,2003, 11：186 –
188.

[94] Sharbrough F, Chatrian G, Lesser R, et al. American electroencephalographic society guidelines for standard
electrode position nomenclature. Electroencephalogr. Clin. Neurophysiol. ,1991, 8：200 – 202.

[95] Shenoy K, Meeker D, Cao S, et al. Neural prosthetic control signals from plan activity. Neurorep. ,2003,14
(4)：591 – 596.

[96] Sinai A, Bowers C W, Crainiceanu C M, et al. Electrocorticographic high gamma activity versus electrical cor-
tical stimulation mapping of naming. Brain,2005, 128(7)：1556 – 1570.

[97] Sitaram R, Caria A, Birbaumer N. Hemodynamic brain – computer interfaces for communication and rehabili-
tation. Neural Netw. ,2009, 22(9)：1320 – 1328.

[98] Sitaram R, Caria A Veit R, et al. fMRI brain – computer interface：a tool for neuroscientific research and
treatment. Comput. Intell. Neurosci. , 2007, 25487：10.

[99] Staba R J, Wilson C L, Bragin A, et al. Quantitative analysis of highfrequency oscillations（80 – 500 Hz）re-
corded in human epileptic hippocampus and entorhinal cortex. J. Neurophysiol. ,2002, 88(4)：1743 – 1752.

[100] Stice P, Muthuswamy J. Assessment of gliosis around moveable implants in the brain. J. Neural Eng. ,2009,
6(4)：046004.

[101] Sutter E E. The brain response interface：communication through visually guided electrical brain responses.
J. Microcomput. Appl. ,1992, 15：31 – 45.

[102] Sutton S, Braren M, Zubin J, et al. Evoked – potential correlates of stimulus uncertainty. Science,1965,
150(700)：1187 – 1188.

[103] Taylor D M, Tillery S I, Schwartz A B. Direct cortical control of 3D neuroprosthetic devices. Science,2002, 296: 1829 –1832.

[104] Toro C, Cox C, Friehs G, et al. 8 – 12 Hz rhythmic oscillations in human motor cortex during two – dimensional arm movements: evidence for representation of kinematic parameters. Electroencephalogr. Clin. Neurophysiol. ,1994, 93(5): 390 –403.

[105] Turner J N, Ancin H, Becker D, et al. Automated image analysis technologies for biological 3 – d light microscopy. Int. J. Imaging Syst. Technol. , Spec. Issue Microsc. ,1997, 8: 240 –254.

[106] Vaughan T M, McFarland D J, Schalk G, et al. The Wadsworth BCI research and development program: at home with BCI. IEEE Trans. Neural Syst. Rehabil. Eng. ,2006, 14(2), 229 –233.

[107] Walter W G, Cooper R, Aldridge V J, et al. Contingent negative variation: an electric sign of sensorimotor association and expectancy in the human brain. Nature,1964, 203: 380 –384.

[108] Weiskopf N, Veit R, Erb M, et al. Physiological self – regulation of regional brain activity using real – time functional magnetic resonance imaging (fMRI): methodology and exemplary data. NeuroImage,2003, 19 (3): 577 –586.

[109] Weiskopf N, Mathiak K, Bock S W, et al. Principles of a brain – computer interface (BCI) based on real – time functional magnetic resonance imaging (fMRI). IEEE Trans. Biomed. Eng. , 2004, 51 (6): 966 –970.

[110] Weiskopf N, Scharnowski F, Veit R, et al. Selfregulation of local brain activity using real – time functional magnetic resonance imaging (fMRI). J. Physiol. Paris,2004, 98(4 –6): 357 –373.

[111] Wilson J, Felton E, Garell P, et al. ECoG factors underlying multimodal control of a brain – computer interface. IEEE Trans. Neural Syst. Rehabil. Eng. ,2006, 14: 246 –250.

[112] Wolpaw J, Birbaumer N. Brain – computer interfaces for communication and control. In: Selzer, M. , Clarke, S. , Cohen, L. , Duncan, P. , Gage, F. (eds.) Textbook of Neural Repair and Rehabilitation; Neural Repair and Plasticity. Cambridge:Cambridge University Press, 2006.

[113] Wolpaw J R, McFarland D J. Multichannel EEG – based brain – computer communication. Electroencephalogr. Clin. Neurophysiol. ,1994, 90(6): 444 –449.

[114] Wolpaw J R, McFarland D J. Control of a two – dimensional movement signal by a noninvasive brain – computer interface in humans. Proc. Natl. Acad. Sci. USA,2004, 101(51): 17849 –17854.

[115] Wolpaw J, McFarland D, Cacace A. Preliminary studies for a direct brain – to – computer parallel interface. In: Projects for Persons with Disabilities. IBM Technical Symposium, 1986.

[116] Wolpaw J R, McFarland D J, Neat G W, et al. An EEG – based brain – computer interface for cursor control. Electroencephalogr. Clin. Neurophysiol. ,1991, 78(3): 252 –259.

[117] Wolpaw J R, Birbaumer N, McFarland DJ, et al. Brain – computer interfaces for communication and control. Electroencephalogr. Clin. Neurophysiol. ,2002, 113(6): 767 –791.

[118] Yoo S S, Fairneny T, Chen N K, et al. Brain – computer interface using fMRI: spatial navigation by thoughts. Neurorep. ,2004, 15(10):1591 –1595.

[119] Yuen T G, Agnew W F, Bullara L A. Tissue response to potential neuroprosthetic materials implanted subdurally. Biomaterials,1987, 8(2): 138 –141.

BCI+GUIDE+集成

Motivation
The Design of the BCI2000 Platform
BCI2000 Advantages
System Requirements and Real-Time Processing
BCI2000 Implementations and Their Impact

第3章 BCI2000 介绍

3.1 目的意义

如前几章所述,在过去的 20 多年中,许多研究都表明 BCI 这种非肌肉的通信与控制方法是可行的,这种方法可为无法使用传统方法的残障人士提供新的途径。但与此同时,这种新技术的性能仍有待改进。BCI 技术的潜在应用前景将很大程度上取决于它的性能提高程度,其中之一就是用户和 BCI 系统的之间的信息传输率。

许多因素影响着 BCI 系统的性能。这些因素包括脑信号测量、特征提取算法、分类决策算法、执行命令的输出设备、至用户的系统反馈以及用户特点等。因此,未来的进展需要系统地、针对性地对此展开研究,如对比评估不同的电极信号及其组合、对比评估不同的特征提取与分类决策算法以及在不同的人群中的通信与控制方法。总而言之,一个针对人类 BCI 的典型研究与开发项目需要在不同的地域、不同的研究者当中同时进行多项课题的研究。

这就需要一种软件能支持不同的 BCI 系统应用,能支持不同实验室在算法设计、实验设计以及数据分析等领域之间的合作。换而言之,运用一种标准化的软件或处理机制来开发 BCI 方法及其部件,如数据交换、相关配置参数文件等,是极其有必要的。此外,在某个实验室运行其他实验室的实验范例应该做到尽可能地容易。然而遗憾的是,传统的 BCI 系统还不能支持如此系统化的研究与开发。尽管有部分系统曾经尝试着在可选择配置等某些方面做一些工作[1,2,5,9],但是仍然是针对某个特定的实验范例,即某些特定脑信号以某种特定的方法记录测量;以某种特定的算法翻译成相应的控制命令;针对一个或几个用户控制某个特定的设备[15]。尽管 Matlab 和 LabView 这些能支持快速原型(prototyping)的软件被广泛使用,然而这种小范围特定情形并没有随之改变。当然,这些原型解决方案在某种程度上对特定用户使用特定设备执行特定实验范例还是容易了许多,但是这并不意味着这些方法在另外的用户、另外的设备中也能成功使用。总之,这些方法的鲁棒性和通用性是远远不够的。

针对当前 BCI 系统的研究状况,我们开始了研发、测试和推广一种名为 BCI2000 的 BCI 通用研发系统,该系统能支持上述的系统化研究工作。BCI2000 项目的目的在于:①建立一个多用户可合作研究的、兼容不同设备运行的 BCI 系统;②嵌入支持最常用 BCI 方法的模块;③向所有相关实验室推广 BCI2000 系统及其文档。BCI2000 通过提供可用于离线分析的标准化数据格式并帮助缺少软件专家的团队参与 BCI 研究,使得它为全球相关实验室和临床研究部门节省了大量的时间、人力、物力、财力。

在过去的 9 年中,BCI2000 平台已通过不断进化成为能支持一系列不同 BCI 相关研究的软件系统。BCI2000 现能支持兼容 15 余种数据采集设备。该系统利用感觉运动节律、皮层表面节律、皮层慢电位以及 P300 等电位输出意识命令来满足不同外部设备所需的输出(如光标、机械臂、顺序菜单等)。BCI2000 作为开源代码系统能够获得可靠的连续支持,确保了系统能够不断地获得完善和提高。为了方便在其他环境中整合,该软件能在标准 PC 机上运行,同时还支持各种不同脑信号数据采集设备。由于 BCI2000 是基于 C++开发的,因此能充分利用计算资源满足系统实时要求。

3.2 BCI2000 平台设计

3.2.1 一个公共模型

BCI2000 是一种能描述任意 BCI 系统的模型,与文献[7]所述的系统模型相同。该模型(图 3.1)由四个相互联系的模块组成:即数据源(数据的采集和存储)、信号处理、用户应用程序、操作员接口。这四个各自分离的模块通过 TCP/IP 协议进行相互通信。该协议能传输所有操作所需的信息(如信号、变量等)。因此当模块发生变动时,该协议仍旧可以保持不变。脑信号由数据源模块采集后,以一定数量的样本点在模块中同时进行处理。我们采用同步处理机制而不是异步处理机制,这样不但可以更好地保证系统的现实应用性能,而且有利于形成将事件刺激与数据采样的时拍联系起来的通用机制。在系统运行过程中,每次源模块获得一块数据后,就发送给信号处理模块,在此完成信号特征提取,并把信号特征转化为控制命令发送给用户应用模块。最后,应用模块再将事件标记结果反馈给源模块并与原始采集信号一起存储在磁盘上。这样的文件内容就可以在离线方式下进行实验过程的完整重构。

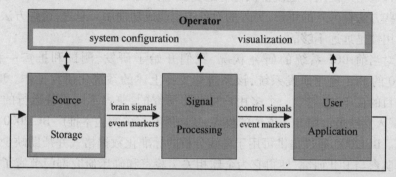

图3.1　BCI2000 设计。BCI2000 由四个模块组成:操作、信号源、信号处理与用户应用。操作模块是整个系统的中央转播模块,承担系统配置和运行结果的反馈显示的功能。同时定义启动和取消操作。在运行中,信息(即信号、参数、事件标记)先从源传送到信号处理后,发送给用户应用模块最后再反馈到源

数据块大小由系统的处理资源和需要的时间精度决定。在 BCI2000 在线分析系统中,数据块的持续时间与刺激呈现的频度相关,如光标的更新速度等。这样就可以产生小规模的数据块。另外,实时系统意味着数据块的处理与数据块在各模块之间通信的总时间应少于数据块的持续时间,因此系统处理资源(和分布式系统中的网络迟延)限制了数据块的大小。典型的配置是,16 个 ~ 64 个通道有 256Hz 速率采样,每通道 8 个样本点形成数据块进行处理,可以达到 32Hz 的数据反馈。当使用数据源只能发送大小一定的数据块时,BCI2000 会进一步限制多个源数据块的大小。由于数据块的完成采集与刺激呈现之间的延时是十分短暂的,这样就为数据采集与刺激呈现的同步关系提供了关联脑信号样本与事件标签的可行且通用的方法。

为了最大限度地提高 BCI2000 系统的互换性和独立性,我们的系统设计原则适用于所有 BCI 系统,并采用面向对象的软件设计来实现。

基于 TCP/IP 的通信协议可以传输运行所需的所有信息(如信号、变量等),当某一信息发生改变时,该协议仍可保持不变。模块间所传递的信息已被高度标准

化以最大限度降低对模块间的耦合度①。每个必需的 BCI 功能根据逻辑需要被安置在相应的模块中。例如,在系统的每个处理周期中都是开始于数据样本块的获取,因此源模块充当 BCI2000 系统时钟的角色。同样地,在用户应用模块中,反馈控制随着应用的改变而改变(例如,固定长度与用户自定义节律的应用),所以将反馈控制置于用户应用程序中。该原则进一步减少了不同模块之间的相互依赖性。

系统的四个模块组成以及之间的通信协议不受信号的通道数和采样率、系统参数或事件标签个数、信号处理的复杂度、运行时拍以及控制外部设备的信号个数等因素的限制。因此,这些因素只受硬件处理能力限制。

3.2.2 源模块与文件格式

源模块获得脑信号,然后把校正后的信号传递给信号处理模块。源模块由数据采集和信号存储两部分组成,信号以 BCI2000 自有的文件格式存储,就像睡眠研究中常用文件格式 EDF[6] 和专为 BCI 应用设计的从 EDF 文件衍生的 GDF 格式[11]。数据获取部分可以由一系列设备来执行。BCI2000 开发团队支持 g. USBamp 和从 g. tec 来的 g. MOBIlab 设备。这些是 BCI2000 系统的核心。BCI2000 用户社区提供了一系列其他厂家的兼容设备(如 BioSemi, BrainProducts, Cleveland Medical Devices, Data Translation, Electrical Geodesics, Measurement Computing, National Instruments, Neuroscan, OpenEEG, Tucker – Davis Technologies)。

BCI2000 文件格式包括为特定实验部分定义各种参数的 ASCII 文件头,随后是二进制信号样本和事件标签值。该文件格式能适应任意数量的信号通道、系统参数以及事件标签,因此它能兼容不同的实验协议。它支持 16 位 ~ 32 位的整型和 16 位 ~ 32 位的浮点型数据格式。

3.2.3 信号处理模块

信号处理模块把从大脑获取的信号转化为控制外部设备的命令信号。在目前的 BCI2000 实施中,这种转换分成两步完成:特征提取与特征转换。通过一系列信号滤波器来实现信号转换,每个滤波器把输入信号变成相应的输出信号。每个滤波器被设计成相互独立,目的是滤波器之间的组合或互换不会影响到其他。

第一阶段的特征提取目前由两个滤波器组成。第一个滤波器执行线性空

---

① 用户应用程序可使用特定的刺激来诱发大脑响应(如 BCI2000 中的 P300 拼写器)。因为这些 BCI 范例取决于大脑对刺激的响应,用户程序无法与不能提供刺激的程序交互。在其他情形中,出现在信号处理模块中的在线调整取决于发送给用户的反馈。因此,有时,模块间一定程度的相互依存是不可避免的。

间滤波操作,通过输入信号与线性空间滤波矩阵相乘完成。第二个滤波器称之为"时域滤波器"。目前 BCI2000 的核心发布主要来自时域滤波器的三种变形:自回归谱估计;基于 FFT 的谱估计;诱发响应(如 P300)平均滤波器。第二阶段特征转换。把提取出的信号特征转换为设备控制信号。该阶段也由两个滤波器组成,第一个是线性分类器,第二个是正规化输出信号,它使输出信号限制在特定范围内并呈现零均值特性。这个阶段的输出也就是信号处理模块的输出。

3.2.4 用户应用模块

用户应用模块接受来自信号处理模块的控制信号进而来驱动应用程序。在现今 BCI 应用中,用户应用经常通过选择在计算机屏幕上显示的目标、字符或图标来实现。

BCI2000 已有的用户应用程序提供了常用反馈范例的有效实现:①三维光标运动实验(光标任务);②基于 P300 诱发电位的矩阵拼写程序(P3 拼写器);③诱发电位分类结果反馈的视听刺激呈现(刺激呈现)。图 3.2A、C 分别显示了上述三种应用程序。

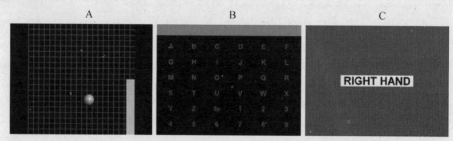

图3.2 三种 BCI2000 用户应用程序显示。A:面向多个目标的光标运动控制(光标任务)。B:基于 P300 诱发电位的拼写程序(P3 拼写器)。C:视听刺激程序(刺激呈现)。A 图中,光标可移向若干指定目标;B 图中,矩阵的行列随机地交替闪烁;C 图中,一系列可编程刺激按顺序呈现

3.2.5 操作员模块

操作员模块为研究人员提供了一个图形界面,该界面显示了当前系统参数以及和其他模块传输过来的实时系统分析结果(如频谱)。该模块允许研究人员进行开始、停止、暂停、重新复位以及重配置等系统操作。在典型的 BCI2000 配置中,用户反馈在一个显示器上显示,操作员模块的图形界面(即研究员接口)在另一个

显示器上显示。

3.2.6 系统变量

BCI2000 和三种系统变量打交道:参数、事件标签、信号。系统参数是在整个数据文件中不发生改变的变量(在线操作时存在于特定时期内);相反,事件标签是记录了发生在操作阶段随数据样本而改变的信息。数据文件中的事件标签可以允许用于离线实验的重构与分析。每个模块都可以获取、修改、监视事件标签信息。最终,系统信号就是这些模块收到并编辑的用户脑信号函数。

每个模块可以要求操作员模块建立任意个系统参数(不同的数据类型,如数字、向量、矩阵、字符串)和事件标签(每个 1 位 ~ 16 位字长)。例如,源模块可以要求设一个参数来定义采样频率。这个参数在在线操作的某个阶段中保持不变,其他模块也可以获取这个参数并在数据文件中自动记录。相同地,检测伪迹信号(如由肌肉运动等产生)的信号处理滤波器或许要求设置一事件标签在信号中来标注伪迹;在应用模块中可能会需要一个事件标签来记录刺激条件。这些变量受到系统支持并可进行自动的通信,同时与信号样本一起被存储。

3.3 BCI2000 优点

上述的通用概念对大型的研究与开发程序来讲有特殊的优势。比如说,由于模块之间的标准化协议,不同的模块不同的实现方式可以混合在同一系统中。再比如说,不同的信号源(由不同的设备采集)可以用相同的信号处理程序和反馈通道。这样就大大提高了整个实验或部分实验在不同地方、不同环境中开发的可行性。

由于面向研发人员的图形界面在操作员模块中是根据特定的数据采集设备所需要的参数、信号处理、实验协议而动态产生的,因此相同的操作程序(非每个可能组合之一的程序)可以用在不同的环境或实验中。

由于数据格式随不同模块的事件标签的要求而改变,新的事件标签(如在信号处理程序中检测到伪迹信号报告)的引入在新的信号处理成分中只需稍作修改即可。数据格式能随着系统自动调整,与数据格式交互的所有 BCI2000 组件能够传输新格式的数据而无须修改。

总之,BCI2000 平台能执行一系列适用于不同实验的通用概念。因此,它更有利于不同实验、不同地点、不同操作人之间的交互与合作。

3.4   系统需求和实时处理

作为系统的运行环境,BCI2000 需要在微软 Windows2000 及以上的操作系统上运行。BCI2000 同时也可以在支持数据采集的笔记本等便携式计算机上运行。

BCI 系统必须采集和处理脑信号(可以从许多通道中以高的采样率)。然后在很短的时间(即延时)以最小的误差(即延时抖动)作出一个适当的输出响应。为了对 BCI2000 在实际的在线操作的时序有一个深刻的印象,使用两种不同配置进行了测试。该项测试的硬件平台为 Inter 2.8G 双核处理器,6GB 内存,NVIDIA 8800GT(512MB)视频卡,安装 Windows XP 操作系统的 Mac Pro 工作站。用 100Hz 刷新率的 CRT 显示器来显示实验反馈结果。系统从 32 通道 1200Hz 的采样率结合两个 g. tec 公司的 g. USBamp 放大器/采集器进行信号采集,信号每块时长为 100ms,也就是信号显示、信号处理、反馈每秒更新 10 次。在光标任务信号处理/任务配置中,BCI2000 系统采用自回归的方法从 32 通道信号中计算电压谱来提取信号特征,同时提供了三维信号反馈。在 P3 拼写器信号处理/任务配置中,BCI2000 系统从 32 通道信号中提取、分类平均波,然后按文献[4]所述执行行/列拼写程序实验。

在光标任务配置中,基于 BCI2000 系统的平均处理延迟为 20ms。换句话说,BCI2000 系统必须在 20ms 内完成计算 32 通道信号的频谱并转换为三维运动信号。P3 拼写器的平均处理延迟为 8ms。在上述的两个设置中,视频输出平均时延(信号处理的末端与在显示屏上更新之间的时间)为 6.23ms。虽然 MSWindows 不是实时操作系统,不能保证事件的特定时序,在每个实验中,系统时延还是满足了 BCI 系统运行的实时性要求。此外,处理器负荷必须足够低才能保证稳定的运行。这也意味着在硬件允许的条件下,BCI2000 能处理更高的采样率、更多的通道数以及更复杂的信号处理方法,详情请见文献[13]关于时序评价的相关叙述。

3.5   BCI2000 实现及其影响

通过实施两个非常不同的 BCI 设计,其中每个设计以前都是通过各自的高度专业化的软件/硬件系统来实现,我们测试了 BCI2000 的适应性和在线性能。在每一种情况下,BCI2000 很容易就能建立和取得与原系统相媲美的结果。此外,在每个实验设计中标准的 BCI 数据存储格式支持相应的离线数据分析。

为实施通过 Mu/Beta 节律的光标控制,我们设定 BCI2000 为自回归谱估计和光标任务。在这个任务中,目标可能出现在屏幕右边缘的四个位置中的一个。然后,光标最初出现在左边边缘,从左至右保持固定水平速率移动,它的垂直运动由脑部特定感觉运动皮层的 Mu 或 Beta 节律频段功率控制(进一步细节具体参见文献[8])。到目前为止,数百人已经广泛使用这个系统。图 3.3A 阐述了用户通过 Mu/Beta 节律控制来实现移动光标到达指定目标的谱和脑拓扑图的特点。

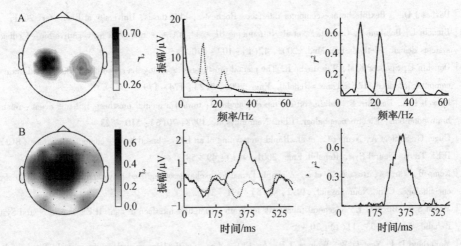

图 3.3 BCI2000 实现的 BCI 设计[10]。A:Mu/Beta 节律控制的光标移动。左:在头皮上(图中最前端为鼻子)控制拓扑分布(用 r^2 测量(由目标位置造成的单次实验方差的比例)),计算顶部和底部的目标位置之间的一个位于 12Hz 中央的 3Hz 频段。中:在左感觉运动皮层(如 C3 电极[12]对于一个目标的电压谱)。目标向上(虚线)和目标向下(实线)。右:向上 VS 向下目标的 r^2 频谱。用户控制在感觉运动皮层急剧集中在 Mu/Beta 节律的频率波段。这个数据结果能与早期用专业的硬件/软件系统的研究结果相媲美[14]。B:P300 控制拼写器。左:刺激后 340ms 处 P300 电位的拓扑分布,用 r^2 测量(计算 15 次刺激平均值)的刺激包括和不包括预期字符。中:头皮顶点的电压时间序列,刺激含(实线)或不含刺激(虚线)。右:相应 r^2 时间序列。该结果也可与早期的使用专用硬件/软件系统研究[3,4]的结果相媲美。刺激率是 5.7Hz(即每 175ms 一次)。详情请参阅相关文献

为实施 Donchin 和他的同事们[3,4]所描述的基于 P300 的 BCI 实验,我们通过平均诱发电位的时域滤波器和 P3 拼写器应用程序来配置 BCI 2000。就像图 3.3B 所示,结果类似于初始硬件/软件 P300 BCI 系统[4]。就像在本书里之前提到的,许多权威出版物在使用 BCI2000 时使用这些或其他的配置。

本章概述了一些入门的、整体的 BCI2000 基本概念,以及如何将这些概念应用

到不同的 BCI 实现方法中。下面的章节提供一个介绍性的 BCI2000 平台全程实践
指导。

参 考 文 献

[1] Bayliss J D. A flexible brain – computer interface. Rochester: PhD thesis, University of Rochester, 2001.

[2] Bianchi L, Babiloni F, Cincotti F, et al. Introducing BF + + : a C + + framework for cognitive bio – feedback systems design. Methods Inf. Med. ,2003, 42(1): 102 – 110.

[3] Donchin E, Spencer K M, Wijesinghe R. The mental prosthesis: assessing the speed of a P300 – based brain – computer interface. IEEE Trans. Rehabil. Eng. ,2000, 8(2): 174 – 179.

[4] Farwell L A, Donchin E. Talking off the top of your head: toward a mental prosthesis utilizing event – related brain potentials. Electroencephalogr. Clin. Neurophysiol. ,1998, 70(6): 510 – 523.

[5] Guger C, Schlögl A, Neuper C, et al. Rapid prototyping of an EEG – based brain – computer interface (BCI). IEEE Trans. Neural Syst. Rehabil. Eng. ,2001, 9(1): 49 – 58.

[6] Kemp B, Värri A, Rosa A C, et al. A simple format for exchange of digitized polygraphic recordings. Electro-encephalogr. Clin. Neurophysiol. ,1992, 82(5): 391 – 393.

[7] Mason S G, Birch G E. A general framework for brain – computer interface design. IEEE Trans. Neural Syst. Rehabil. Eng. ,2003, 11(1): 70 – 85.

[8] McFarland D J, Neat G W, Wolpaw J R. An EEG – based method for graded cursor control. Psychobiol. , 1993, 21: 77 – 81.

[9] Renard Y, Gibert G, Congedo M, et al. OpenViBE: an open – source software platform to easily design, test and use Brain – Computer Interfaces. In: Autumn School: From Neural Code to Brain/Machine Interfaces, 2007.

[10] Schalk G, McFarland D, Hinterberger T, et al. BCI2000: a generalpurpose brain – computer interface (BCI) system. IEEE Trans. Biomed. Eng. ,2004, 51: 1034 – 1043.

[11] Schlögl A. GDF – a general dataformat for biosignals. http://arxiv. org/abs/cs. DB/0608052 ,2009.

[12] Sharbrough F, Chatrian G, Lesser R, et al. American electroencephalographic society guidelines for standard electrode position nomenclature. Electroencephalogr. Clin. Neurophysiol. ,1991, 8: 200 – 202.

[13] Wilson J A, Mellinger J, Schalk G, et al. A procedure for measuring latencies in brain – computer interfaces. IEEE Trans. Biomed. Eng. , in press.

[14] Wolpaw J R, McFarland D J, Neat G W, et al. An EEG – based brain – computer interface for cursor control. Electroencephalogr. Clin. Neurophysiol. ,1991, 78(3): 252 – 259.

[15] Wolpaw J R, Birbaumer N, McFarland D J, et al. Brain – computer interfaces for communication and control. Electroencephalogr. Clin. Neurophysiol. ,2002,113(6): 767 – 791.

BCI+GUIDE+集成

第 4 章　BCI2000 导读

在本章中,我们给出 BCI2000 软件的一个整体说明,来描述这个软件的重要特征和其他与 BCI 相关的所有实验概念。我们将介绍启动 BCI2000 软件的方法,并对用户界面设置、保存、参数载入和数据离线获取做一简要描述。

4.1　启动 BCI2000

有两种方式启动 BCI2000 软件系统。BCI2000 包括四个程序（即模块）,需要按一定次序启动。这些模块分别处理脑部信号采集（即源模块）,脑部信号处理（即信号处理模块）,用户反馈（即用户应用模块）和研究人员接口（即操作员模块）。这四个模块可以由 BCI2000/batch 目录下的 batch 文件启动。另外,BCI2000 带有一个称为 BCI2000Launcher 的程序,允许操作员来管理模块启动使用图形用户接口。

4.1.1　批处理文件

一组预设置批处理文件存放在 BCI2000/batch 目录中。通常,这些设置可能需要修改,以符合用于某一特定实验相应模块,但在大多数情况下,如果使用 g. tec 放大器,则已有的配置是适用的。在任何批处理文件中,这四个模块由操作员的启动命令开始,即 start operat. exe。接着,源、信号处理和应用模块被启动,操作员传递 IP 地址作为一个变量参数。大多数情况下,本地机器上地址为 127. 0. 0. 1。

4.1.2　BCI2000 Launcher

BCI2000Launcher 程序提供了一个方便的用户界面来管理 BCI2000 应用和参数文件。源、信号处理、应用及操作员模块可从列表中选择,多个参数文件可以自动导入并传递给 BCI2000 并且同时启动,以代替多个批处理文件。

开始之前,执行下列步骤:

启动 BCI2000

(1) 打开浏览器到 BCI2000 / batch 目录。

(2) 双击文件 CursorTask_SignalGenerator. bat。这将启动一个基于感觉运动节律的 BCI 实验仿真所需的所有模块。

操作者窗口将显示,并显示所有相连的模块(图 4.1)。

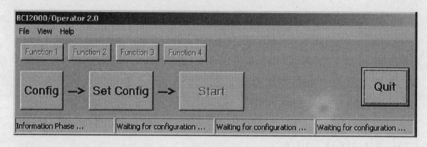

图 4.1　操作主界面

4.2　帮助

操作者主窗口出现时,从*帮助*菜单中选择 *BCI2000 帮助*。操作者模块帮助页面将在一个网页浏览器窗口中打开,帮助页面的左边,导航菜单提供所有可用的帮助。

BCI2000 进一步的帮助信息在 BCI2000 Wiki,位于 http://doc. bci2000. org/wiki/。用户可以在 BCI2000 论坛提问,论坛地址是 http://bbs. bci2000. org。在这些论坛中,BCI2000 开发者和其他用户可以回答本书没有涉及的问题。

4.3 配置 BCI2000

BCI2000 有一套扩展的配置参数,依赖所使用的特定模块,必须为每个具体 session 设置。这一小节将讨论配置 BCI2000、加载、保存设置以备将来使用。

进入 BCI2000 配置对话框:

按操作窗口中的配置按钮 Config。

4.3.1 设置模块选项

当按下配置按钮 Config 时,BCI2000 配置窗口出现(图 4.2)。在这个窗口的顶部,会看到几个选项卡。每个选项卡包含一组不同的参数;这些参数是由所用的模块决定的(源、信号处理和用户应用程序)。可视化(Visualize)、系统(System)、存储(Storage)、源(Source)、连接器(Connector)和应用(Application)选项卡总是存在,除非 DummySignalProcessing 模块被使用。滤波(Filtering)选项卡几乎总是存在,也可能会出现其他选项卡,根据使用的模块而定。

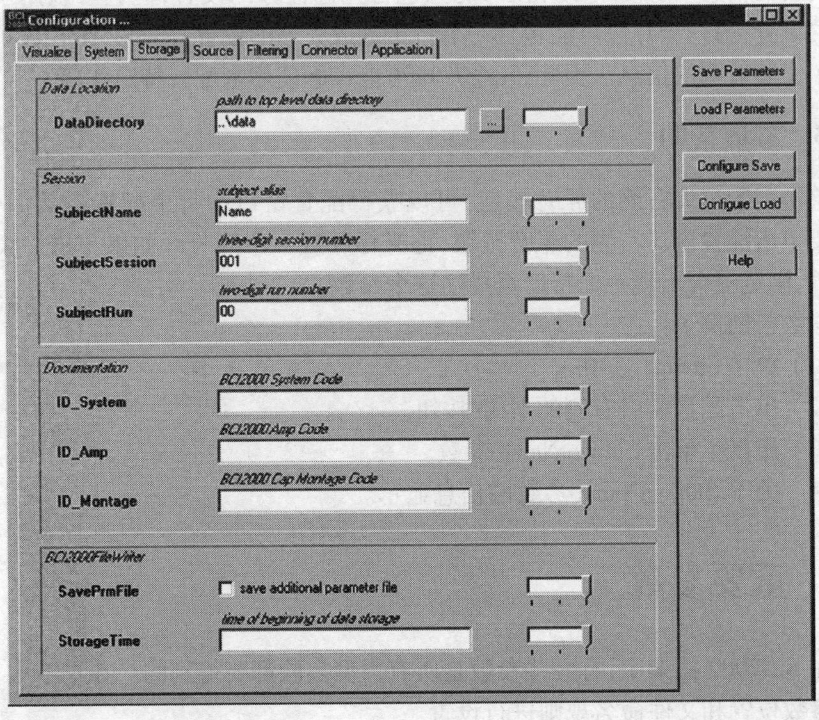

图 4.2 | BCI2000 配置对话框

在每一个选项卡中,根据其功能参数进一步分组。例如,滤波选项拥有参数集 SpatialFiltering、Classifi cation 和 Normalization。对所有参数的详细信息参考第 10 章。

4.3.2　参数文件

BCI2000 某一特定实验的配置存储在参数文件中。在运行一个实验前,一般会导入一个参数文件,其包括特定对象的和一般的配置信息。

导入一个参数文件:

(1) 在操作窗口中单击 Config 按钮以打开配置对话框。

(2) 单击窗口右边的 Load Parameters。

(3) 进入目录 BCI2000/parms/并打开 parms/fragments/amplifiers/ SignalGenerator. prm。

(4) 重新 Load Paramcters,并打开 parms/mu_tutorial/MuFeedback. Prm。

参数文件可以包含特定实验的所有参数,或者只有一个参数子集。在后者的情形,我们称这些参数文件为参数片段。每个片段包含可以被不同实验和受试者重复使用的信息,例如,一个片段可能只包含光标任务的设置,但它可以用于任何对象的设置;另一个片段可能包含一个特定的放大器的设置;还有一个片段可能包含单个实验对象的信息。因此,几个片段可能一起使用来配置特定实验。

4.3.3　参数帮助

单击配置窗口右侧的*帮助*按钮,可以获得配置窗口中每个配置参数的信息。首先要单击配置窗口右侧的*帮助*按钮,把光标变成一个问号。如果单击一个参数的标签,浏览器会出现一个帮助页描述这个参数。

参数帮助例子:

(1) 单击 Storage 选项。

(2) 单击配置窗口右侧的 Help 按钮。

(3) 用鼠标单击 SubjectName 参数。

(4) 关于 SubjectName 参数的信息显示。

4.4　重要参数

在 BCI2000 框架中,有一些参数是所有类型实验都要得到的。在本节中,将对定义参数位置和文件命名规则进行设置。

设置存储参数:

（1）打开配置窗口，浏览到 Storage 选项卡。

（2）Data Directory 编辑框中为存储所有采集数据文件的保存路径。

（3）该路径可以为相对路径或绝对路径，相对路径关联到 BCI2000/prog/ 目录，在这种情况下，/data 是指定的，于是数据被存在 BCI2000/data/。

（4）SubjectName 参数将被设成一个值，如 TEST，或对象的首字母。在本演示中设置为 test。

（5）参数 SubjectSession 将被设成一个 3 位的值，对应某一特定对象所做的实验数目。本演示中设为 001。

（6）参数 SubjectRun 将在开始一个新的 session 时被设为 00。每次运行这个值会自增，即现有的数据文件永远不被覆盖。

4.5　应用这些参数

一旦已经定义了实验参数，它们被用于 BCI2000。

运用参数：

（1）单击配置窗口右上方的 X 按钮，关闭配置窗口。这将会接受所设参数的变化。

（2）在主操作员窗口单击 Set Config. 将使新配置文件生效。

（3）操作员模块将配置参数传递给其他 BCI2000 模块，其他模块将验证这些值，以确保它们是一致的。

（4）如果所有的参数值是一致的，信号源窗口将会出现并显示大脑信号。

（5）信号源窗口可以移动、缩放。

在一个真实的 BCI 实验中，将记录来自大脑的信号，会使用信号源窗口来评定信号质量。在这个仿真实验中，移动鼠标时，会注意到大脑模拟信号的变化。我们将用这些信号变化控制屏幕上的光标。

当用右键单击信号窗，会注意到一个特定的带有显示选项的右键菜单，如增加/减少显示的通道数、选择显示的颜色、应用信号滤波器等。更多的细节见10.1.5 节。

4.6　开始一个运行

在本次演示中，通过鼠标移动改变模拟脑信号可以模拟真实的光标移动实验。

开始一个实验（Performing a Session）：

（1）完成上面描述的每一步。

（2）单击 Set Config 应用参数。

（3）会看到大脑模拟信号在屏幕上显示出来。通道 1 和 2 包含 10 Hz 正弦信号，其调制振幅由鼠标的位置控制。

（4）分别在屏幕上上下移动鼠标以增加或减少通道 1 的幅值；左右移动鼠标增加或减少通道 2 的振幅。

（5）单击 Start 按钮开始模拟反馈实验。

（6）在整个过程中，将会看到一个光标在屏幕上以一个恒定的速率从左向右移动。

（7）屏幕同时会显示出两个目标位置中的一个，你的任务就是使光标移到显示目标上。

（8）垂直速度由通道 1 的幅值控制。将光标上移增加幅值，下移降低幅值。

（9）当本实验小节完成，Suspend 按钮就会变回到 Start。

光标从左移动到右的过程称为一个实验流程（trial），一次实验操作中包含多个连续的 trial。多个连续 trial 组成一个实验小节（run）。每个 run 通常持续 3min~5min。当一个 run 结束时，BCI2000 将自动停止，按钮 start 将变为 Resume。此时，对应的数据文件被关闭。每次单击 Resume 按钮时，操作者可以添加许多 run 到当前 session。在当前 session 的数据目录下，所有 run 将被保存为独立的文件。

BCI2000 可以根据信号特点进行自我调整以适应当前脑信号特点（即信号的平均值及其变化量）。但这种调整往往需要几个 trial 的时间，直到它适应这些特性，这意味着最初操作者可能不觉鼠标的移动与光标运动之间有联系。当实验运行一段时间后，会注意到控制变得更为准确。为了给鼠标在四个方向的移动都留出足够空间，实验之初应将鼠标光标置于屏幕中心。同样地，当用真正的脑信号控制光标时，也需要一段时间来适应受试者的一般的信号特征（也许要花很长的时间学习如何实际控制信号）。当得到一个或多个 run 时，就可以退出 BCI2000 了。

4.6.1 数据存储

一个 run 的所有实验数据都存储在一个单独的以 . dat 为扩展名的 BCI2000 数据文件中，这个数据文件包含所有脑部信号、参数定义以及实验中重要事件的标记。这个数据文件的存储地点和文件名称取决于 Storage 参数的设置。基于这些参数的文件命名规则是：< DataDirectory >/ < SubjectName > S < SubjectSession >/ < SubjectName > S < SubjectSession > R < SubjectRun > . dat，如 data/ testS001/ testS001R00. dat.

4.7 离线数据获取

4.7.1 查看大脑信号和事件标记

有多个方法可以对已有数据进行离线查看和分析。BCI2000 Viewer 程序允许操作者查看大脑活动和相关事件的标记。

观察脑信号：

（1）在 Windows 浏览器中，进入 BCI2000 Viewer 目录，即 BCI2000/tools/BCI2000 Viewer，双击 BCI2000 Viewer. exe 运行。

（2）在 BCI2000 Viewer（图 4.3）中，打开为此次 demo 演示建立的数据文件，BCI2000/data/testS001/testS001R00. dat。

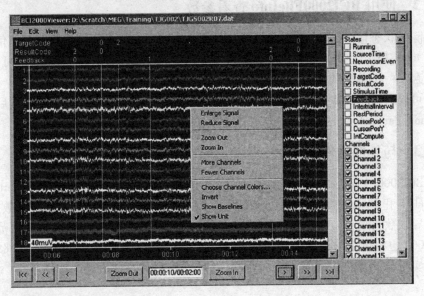

图 4.3 | BCI2000 Viewer 程序

每个 BCI2000 数据文件有几个与实验相关的事件标记通道，其存放在每一个信号采样中。

查看事件标记：

（1）BCI2000 Viewer 的右边包含了一系列通道和事件标记，在 BCI2000 中，它们被称为状态。

（2）为查看特定事件的标记，单击选中相应的状态名。

（3）选中 TargetCode、ResultCode 和 Feedback 复选框。

这些事件标记的值会显示在信号轨迹的上面。每当 TargetCode 从 0 变化时，目标位置就会显示。每当 ResultCode 从 0 变化时，一个目标被光标击中。Feedback 反馈值为 1，表明反馈光标可见。在数据分析中，该状态信息使其可能确定实验的结构和数据的标签。需要注意的是，状态的数目、名字以及状态变量的意义并不是事先给定的，而是由具体实验确定，即信号采集子，信号处理方法和本实验的用户应用模块。因而，操作者可以很轻易地写 BCI2000 代码增加一些具有新的意义的新状态变量。这些状态变量将自动地包含在数据文件中并出现在 BCI2000 Viewer 中。

状态变量的帮助同样是可用的。右击 BCI2000 Viewer 窗口右上角的 TargetCode 条目，在下拉菜单中选择 TargetCode 状态变量的*帮助*。一个浏览器窗口将打开并显示一个帮助页描述该变量。

4.7.2 使用 BCI2000FileInfo 查看参数

除了状态信息，每个数据文件还包含了本实验所定义的所有参数及赋值信息。使用 tools/BCI2000FileInfo 中的 BCI2000FileInfo 程序可以查看这些参数，也可以将其保存于一个单独的参数文件中。

可以通过将.dat 文件拖放到程序图标或程序主窗口中来打开文件。然后，单击 Show Parameters。打开一个与操作员模块完全一致的参数配置对话框。

4.7.3 与外部软件交互

BCI2000 支持与外部的软件交互，尤其是 Matlab、FieldTrip（归功于 Robert Oostenveld）和 Python（归功于 Jeremy Hill）。这些组件可以被用于从 BCI2000 数据文件中导入数据进行离线分析，或在线执行并测试新的信号处理技术或反馈范式。BCI2000 也提供了一个简单的网络接口（称为 AppConnector 协议）使得外部软件可以实时与 BCI2000 通信。第 6 章的一个小节将描述这些方法的选择。

4.8 其他应用模块综述

BCI2000 包含多个核心程序模块来支持不同的反馈方法，包括视听觉反馈。前面已经介绍了光标任务，后续内容将介绍其他核心应用。

4.8.1 刺激呈现

除了光标任务，BCI2000 还带有一个多功能刺激呈现程序。此模块在很多方面与 Presentation 和 e - Prime 程序类似。BCI2000 中的刺激呈现模块与其他专用刺激呈现程序的区别在于 BCI2000 可以轻易地集成刺激呈现、实时数据采集、处理和反馈。

在 BCI 研究中,BCI2000 刺激呈现模块通常用于初始 Mu 节律实验。因为这个模块具有良好的时序特性,它同样适用于广泛的精神生理实验,如 ERP 实验。进一步地,它可以用来和 P3 信号处理模块结合以提供针对诱发电位的实时反馈。

为实验刺激呈现模块,使用批处理目录中的 StimulusPresentation_SignalGenerator. bat 启动 BCI2000。然后,单击 Config 并导入配置文件 parms/examples/StimulusPresentation_SignalGenerator. prm。切块到 Storage 选项卡,为 Subject Name 参数赋一个对象 ID 值。单击 Set Config 和 Start 执行实验(注:本部分内容的目标是简单介绍刺激呈现模块,不讨论此模块的所有功能。更多的信息见 10.8.2 节)。完成后,找到数据文件 data/ < SubjectName >001/ < SubjectName > S001R01. dat,类似于模拟光标移动实验,使用 BCI2000FileViewer 打开数据文件。在 BCI2000FileViewer 主窗口中,单击 StimulusCode 复选框显示 StimulusCode 状态变量。在刺激呈现过程中,StimulusCode 状态设置为一个对应刺激的编号。数据分析时,这种信息可被用于将数据分割为不同的时期,并根据刺激的不同对数据分组。

4.8.2 P300 拼写器(P300 Speller)

作为其核心程序的一部分,BCI2000 还配有模块 P300 Speller。P300 Speller 采用诱发响应从以长方形矩阵形式排列的多个字母中选择相应字母,该范式最初由 Farwell 和 Donchin 给出。

实验首先在"复制拼写"模式下操作,要求受试者关注屏幕上预定的字符序列,系统根据受试者信号特点自动进行调整。运行 batch/P3Speller_SignalGenerator. bat,单击 Config,并导入 parms/ examples/P3Speller_CopySpelling. prm。关闭配置窗口,单击 Set Config 开始运行。在本例中,模拟 EEG 将模拟正确刺激导致的诱发响应(即目标字母所在的行或列发出的刺激)。本实验可测试系统对信号的分类和拼写功能。本例中拼写字母将对应于复制的字母。

在真实实验中,如本书后面部分所描述的,实验人员将使用复制拼写的数据来调整 P300 Speller。调整以后,P300 Speller 的作用是帮助用户从字母矩阵中选择目标字母,例如,不需要预先设定字母序列的"自由拼写"实验 P300 Speller 也支持多种类型的项目矩阵(或"菜单(menus)")、图形图标和听觉刺激(即声波文件)。为了执行一个多菜单的"自由拼写"的演示,单击 Config 并导入 parms/examples/ P3Speller_Menus. prm。然后关闭配置窗口,单击 Set Config 和 Start。在模拟模式下,可以用鼠标单击选择一个矩阵元素,实际的 P300 分类是通过计算一个特定刺激产生的平均响应次数来实现的。因而,单击一个项目也不会马上选择它。一旦达到预定的平均响应次数,系统选定相应项目,并重新开始计数。这将花费几秒钟。

4.9　继续学习

本章包含了多个 BCI2000 理论和操作的基本部分,包括用以支持感觉运动节律和诱发响应操作的 BCI2000 各个模块的一个简短介绍。下面的章节具体介绍如何使用以上两种脑信号来实现一个真正的 BCI 系统。

BCI+GUIDE+集成

第 5 章　　使用教程

5.1　通用系统配置

实验之前，必须根据实验人员和受试对象配置计算机和显示系统。此处假定使用如下所示的两个监视器/显示器设置，实验人员在显视器 1 上操作，受试对象观看显示器 2。该系统是典型的 BCI 实验的配置，可以用于光标移动、P300 Speller[1]或刺激呈现任务。

设置两个显示器属性：

（1）在桌面的空白部分单击右键并在弹出菜单中单击属性以打开显示属性对话框。

（2）切换到设置选项卡。

（3）单击监视器 2，将 *Windows* 桌面扩展到该监视器的复选框，并单击应用。

（4）通过拖拽监视器 2 确认监视器 2 与监视器 1 的上方对齐（图 5.1）。

（5）记下监视器 1 的宽度和监视器 2 的分辨率。在本实验中，监视器 1 为 2048 像素宽，监视器 2 是 1024 像素宽×768 像素高（图 5.2）。

（6）关闭显示属性对话框。

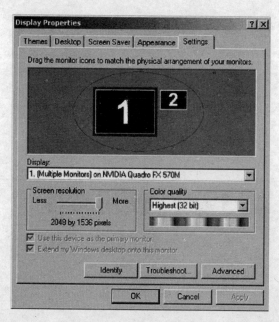

图 5.1 确保显示器1与显示器2顶端在同一高度,显示器2在显示器1的右端

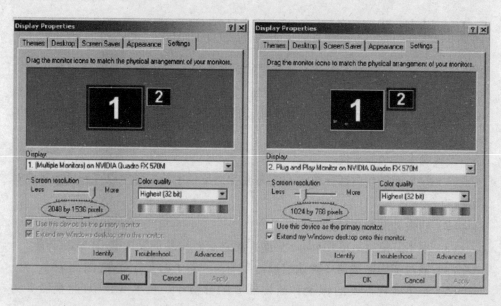

图 5.2 需要记下监视器 1 的宽度,以及监视器 2 的宽度和高度。在本例中,可以看到
监视器 1 为 2048 像素宽,而监视器 2 为 1024 像素宽×768 像素高

5.2　基于感觉运动节律的虚拟光标移动

一个 BCI 光标移动实验一般包括四个步骤:① 通过筛选实验获得感觉运动节律参数;② 分析筛选数据选取最佳 EEG 信号特征;③ 根据选择的信号特征配置 BCI2000;④ 受试者通过脑电在线控制光标运动。以下四个小节将详述这四个步骤。

5.2.1　获得感觉运动节律参数

尽管对所有人来说 Mu/Beta 节律的基本属性都是相同的,空间模式和频率特性却因人而异。因而,有必要在反馈实验之前先得到与受试者相关的具体参数,也就是根据实验数据来调整 BCI 系统。

在系统调整实验中,受试者根据屏幕上的视觉提示来想象手和/或脚的运动。对实验数据进行离线分析,并找到想象任务前后(如手动和休息)信号活动变化最大的频率值和具体位置,以确定受试者的 Mu/Beta 节律。BCI 系统根据实验数据计算出脑部不同位置的频谱或画出特定频率下的分布图。

首先,操作者需要将传感器连接到放大器系统。EEG 电极的放置可以参考 2.3 节。然后,按照下述方式配置 BCI2000。

配置 Mu/Beta 节律实验:

(1) 将放大器连接到计算机,打开放大器。*

(2) 运行 batch/StimulusPresentation_<amplifier>.bat 文件。例如,如果使用 g.MOBIlab 放大器,则需要运行 batch/ StimulusPresentation_gMOBIlab.bat。

(3) 单击 *Config*,打开 BCI2000 配置的窗口。

(4) 使用 *Load Parameters* 导入 parms/fragments/amplifiers/<amplifier>.prm。

(5) 下一步,导入 parms/mu_tutorial/InitialMuSession.prm。

(6) 在 Storage 选项卡中,设定 SubjectName 为受试者名字的首字母,Subject-Session 为 001 和 SubjectRun 为 01。

(7) 在 Source 选项卡中,设定 ChannelNames 为对应的每个通道的电极名。本例中根据电极各自在 10 - 20 系统中的位置,分别命名的 F_3 F_4 T_7C_3 Cz C_4 T_8 P_z。

(8) 如果使用 g.MOBIlab 放大器,给 COM 端口设定一个名字,如 COM8:。

(9) 在 Application 选项卡中, 设定 Window Width 为受试者所看显示器的像素的宽度,WindowHeight 为像素高度(本例中分别为 1024 和 768)。

(10) 设置 WindowLeft 为操作者显示器像素宽度。本例中为 2048。

（11）记下 Sequence 域中的数字序列。这个域包含4个以单空格隔开的个位数字。这些数字对应刺激矩阵中每一行的显示频率。初始设置为1 1 1 1，即刺激1~4应该出现相同的次数；第一个数字对应左手，第二对应于右手，三、四个分别对应双手和双脚。因此，域值为2 1 0 1意为移动左手次数是右手和双脚的2倍，不移动双手。

（12）单击 *Save Parameters*，将参数保存在一个独立文件中。可以在下一个实验使用此参数文件。

＊如果放大器来自 gMOBIlab 家族，需要注意连接到了哪个端口。为了确定这一端口，打开 Windows 开始菜单，逐步选择开始—控制面板—系统—硬件—设备管理—端口（COM & LPT）。如果使用其他放大器，请检查放大器的相关文档，和/或第10章与第11章有关放大器的具体内容。

在初始实验中，受试者屏幕将显示为空白或一个上、下、左、右箭头。实验过程中受试者根据以下指令做相应动作。

（1）当箭头向左或右显示时，想象对应手的运动。想象运动为以每秒钟一次的速度不断打开和合拢对应手（如挤压网球）。

（2）当箭头向上显示时，想象双手同时动作。与单手类似的方法运动双手。

（3）当箭头向下显示时，想象双脚同时做动作。运动方式与手类似，即想象打开和合拢它们，想象开闭双脚，好像可以用它们来抓住一个物体。

（4）当看到空白屏幕，放松，不需任何运动想象。

5.2.2 初始感觉运动节律实验

单击操作窗口中的 run，开始一个实验 run。每个实验 run 采集20个数据集（trial），每个数据集对应于受试者移动左手、右手、双手、双脚四种情况中的一种。理想情况下，应采集5个 run（20个 trial）数据。实验应分5次运行，使得受试者在实验间隔有机会可以休息、眨眼、吞咽、说话或喝水。

5.2.3 初始感觉运动节律实验分析

为了确定某一受试者 Mu/Beta 节律参数（即频率和位置），我们需要知道受试脑电信号幅值在不同频率和位置休息和运动想象或不同运动想象时有多大差异。BCI2000 为此提供了一个"离线分析"工具。

5.2.3.1 生成特征图

数据分析的第一步是在每个频率和为支点上将数据按幅值分开。在我们的分析中，这些幅值被称为特征，幅值与任务的对应关系被绘制出来，即特征图。

通过特征图可以确定与受试任务最为相关的幅值的具体频率和具体位置,即在两类任务下差异最大的特征。这些特征将在随后的 BCI 实验中提供需要的反馈。

执行下列步骤,从初始实验数据中生成特征图。

(1) 启动 BCI2000 "离线分析"工具。如果安装了 Matlab,运行 tools/OfflineAnalysis/OfflineAnalysis.bat。从 http://... 下载并安装...(MCR)。然后运行 tools/OfflineAnalysis/OfflineAnalysisWin.exe 开始分析数据。

(2) 分析域(Analysis Domain)选项选择频率。

(3) 采集类型(Acquisition Type)选项选择 EEG。

(4) 空间滤波器(Spatial Filter)选择公共平均参考(Common Average Reference (CAR))。

(5) 实验改变条件(Trial Change Condition)输入 states.StimulusBegin == 1。

(6) 目标条件(Target Condition)1,输入(states.StimulusCode == 0)。

(7) 目标条件标签 1 输入 Rest。

(8) 类似地,目标条件 2 输入(states.StimulusCode == 2),在目标条件标签 2 中输入 Right Hand。

(9) 单击 Data Files 项旁边的 Add 按钮。出现一个文件选择对话框;浏览到 data/mu/<Subject>001 并选择所有刚采集的.dat 文件(使用键盘 *ctrl* 键选择多个文件),然后单击对话框的打开按钮。

(10) 单击 Generate Plots。等待特征图出现。

一旦计算完成,会看到一个类似图 5.3 的特征图。图中横轴为频率,纵轴为通道。颜色标记表示一个介于 0 和 1 的 r^2 值。r^2 值提供了一个测度,刻画一个特定的脑电特征(即特定位置和频率的幅值)受到对象任务(即手、脚想象)影响的程度。

一般来说,特征图中会有大的 r^2 值集中出现区域。配置在线系统的第一步是确定哪些脑信号特征在两种特定任务间差异最大。同时,验证这些特征的特点与已知的 Mu/Beta 节律特点是否一致也是非常重要的。这一验证可以避免系统错误配置,因为这些特征可能来自 EEG 伪迹、噪声、随机效果,而不是源于大脑的真实特征而产生的错误配置。

为得到候选特征,从特征图中选取 4 个位于 8Hz~36Hz 的最大 r^2,并读取其相应的频率和通道值。程序的"数据指针"工具(工具菜单中的"数据指针")可以帮助完成这一任务。然后,在分析程序主界面中的频谱通道(Spectra Channels)项输入从特征图中读取的通道值,在频率分布图(Topo Frequencies)项输入相应频率值。然后,单击 Generate Plots 按钮。

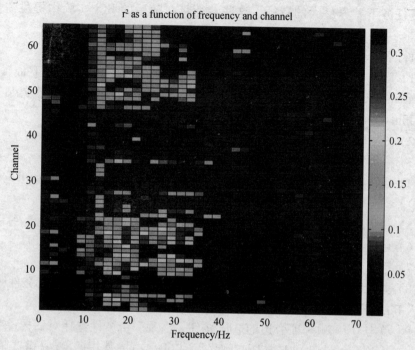

图 5.3 | EEG 特征图示例

　　如图 5.4A\B 所示,生成的分布图显示了 r^2 的空间分布情况。特别地,在左边的运动皮质区应该有一个清晰的最大 r^2 值,图 A 对应于实际运动的情况和图 B 对应于想象运动的情况。产生的谱图显示一段频率范围上的幅值分布和 r^2 值。理想的情况下,它们应该类似图 5.4C\D。

5.2.3.2　剩余情况分析

　　至此,我们完成了大脑活动与右手运动想象的关系分析。为了选择最有效的通道和频率进行在线反馈,应对其余情况进行类似分析。

　　(1) 在分析程序主界面的 Target Condition 2 项,输入 states.StimulusCode == 1,并在 Target Condition 2 中输入 Left Hand。

　　(2) 确保覆盖现有图形的复选框是未选中。

　　(3) 单击 Generale Plots,为左手运动想象创建一个特征图。

　　(4) 如前,选取四个最大 r^2 值,并为那些通道和频率计算频谱和拓扑。

　　(5) 除了颜色变化应该出现在右边而非左边的运动皮质区,其结果在某种程度上应类似于右手产生的结果。

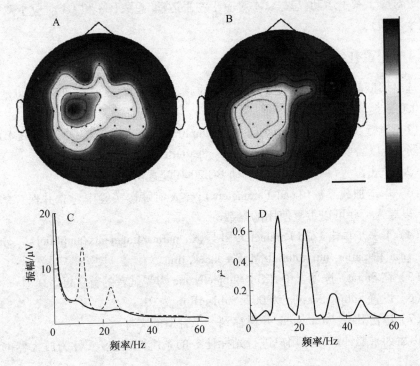

图5.4 受试者在执行运动任务时的大脑活动分布图(修改自参考文献[2])。受试者在右手实际运动(A)和右手运动想象(B)时与休息时在以12Hz为中心,带宽为3Hz的频带内的大脑活动差异(以r^2度量,表示不同任务导致的单次实验变化比例)分布图。另一个受试者的电压频谱图,用以比较受试者左运动皮层(C3(见文献[3]))在休息(实线)和运动想象(虚线)时大脑活动差异。D: 对应的休息与想象条件下的r^2频谱。主要关注的是感觉运动皮层Mu和Beta频带内的信号

(6) 重复条件 states. StimulusCode == 3(双手)和 states. StimulusCode == 4(双脚)的分析。

(7) 对双手的情况,其结果应该类似于左手和右手的结果的组合。

(8) 对双脚,活动应该围绕电极 Cz。

5.2.3.3 挑选最佳的特征

现在,我们已经得到了对应不同情况的候选的通道/频率特征,并对其在生理上的合理性有了深刻的认识。特别是,我们的结果最起码有点类似图5.4,即具有最大r^2值的频率介于8Hz和36 Hz之间,并且其位置点位于相应合适的位置(例

如,C3 对应于右手运动/想象;C4 对应于左手运动/想象;C3 和 C4 对应于双手;Cz 对应于双脚)。

5.2.4　配置在线反馈

选出预期目标特征后(例如,所需的频率和位置),现在可以确切地配置 BCI2000 以提取和使用这些特征。

(1) 执行文件 batch/CursorTask_ < amplifier > . bat。本例中,使用 gMOBIlab 放大器,所以需要运行 batch/CursorTask_ gMOBIlab. ba。

(2) 单击配置(Config) 按钮启动 BCI2000 配置窗口。

(3) 单击加载参数(Load Parameters),导入前筛选实验中建立并保存的参数文件,以导入那些可以重复使用的参数。

(4) 下一步单击 Load Parameters 并导入: parms/fragments/amplifiers/ < amplifier >. prm 和 parms/mu_tutorial/MuFeedback. prm。

(5) 在 Storage 选项卡中,修改 SubjectName 为受试者的首字母。

(6) 设置 SubjectSession 为 002,SubjectRun 为 01。

(7) 单击 Save Parameters 并保存到一个合适的文件。

以后如果要针对具体用户进行光标任务的系统配置,该文件为放大器的基础参数文件。

5.2.4.1　配置空间滤波器

根据电极放置位置,空间滤波器可以计算出电极输入数据的一个加权组合。因为通常需要检测的是大脑某一特定区域的活动情况,所以我们可以利用空间滤波器来确定感兴趣电极何时被激活。这是通过从感兴趣电极数据中减去周围电极的平均数据实现的。如图 5.5 所示,其中,列是输入信号,行表示空间滤波器的输出结果,输出通道 C3_OUT 是电极 C3 数据减去电极 F3、T7、Cz 和 Pz 的每一个数据的 1/4。这样一个滤波器称为"拉普拉斯滤波器(Laplacian fillter)。"请注意,应该根据拼图和/或通道的次序来改变列标签。

空间滤波器配置:

(1) 进入配置窗口。

(2) 单击 Filtering 选项卡。

(3) 设 SpatialFilterType 为 Full。

(4) 单击 SpatialFilter 参数旁编辑矩阵按钮。

(5) 设列数为 8,行数为 3。

(6) 右键单击矩阵的左上空白区域,从选项菜单中选择"Editf lasels"。

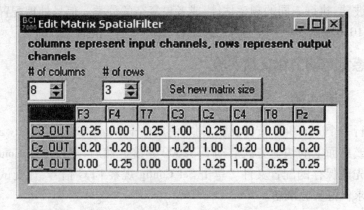

图 5.5 空间滤波器配置

（7）对列标题，以 ChannelNames 参数的相同次序输入通道名称。

（8）单击照图 5.5 设置表值，基于所使用的拼图调整列。

（9）结束矩阵编辑窗口。

5.2.4.2 配置分类器

定义合适的滤波器后，必须告诉 BCI2000 哪些位置点和频率将在反馈实验（session）中使用。按如下操作。

线性分类器配置：

（1）在配置窗口中，在过滤选项卡下选择分类器参数的编辑矩阵。

（2）列的数目设为4，行数为1（或者，希望用到的特征数）。单击设置新矩阵大小来应用给出的改变。

（3）在（第一行的）第一列，标记为输入通道，输入希望使用的那些通道的编码，如C3_OUT、C4_OUT 或 Cz_OUT。

（4）如果使用双手时，行设为2，单击设置新矩阵大小。第一行第一列输入C3_OUT，第二行第一列输入 C4_OUT。

（5）在第二列，标记为输入元（bin），输入特征的频率及后缀 Hz（之间无空格），如 12Hz。

（6）在第三列，输入值2，该值定义结果信号所对应的输出控制信号。在光标移动任务中，控制信号 1～3 分别对应水平、垂直和深度的运动。

（7）第四列，输入 −1 为权重。

（8）最后，在一个参数文件中保存配置。

需要注意，这个教程仅给出一个简单例子。BCI2000 可以配置并使用更复杂的空间滤波器,执行不同的频率估计,或者更复杂的分类。信号处理配置部分的更多细节见 10.6 节。

5.2.5 感觉运动节律反馈实验

5.2.5.1 启动实验

为执行一个 Mu/Beta 节律反馈实验,使用位于 batch/CursorTask_ < amplifier > . bat 文件或桌面上的快捷方式启动 BCI2000 系统。然后,通过单击 Config 和导入参数导入先前保存的配置文件。单击 Set Config 观察 EEG 信号,让受试者按照前几章的要求做好实验准备。

5.2.5.2 受试者指导

当受试者准备好脑信号采集后,向受试者简单介绍实验任务及要求。有关实验人员和对象的建议指示如下。

(1) 单击 Set Config 按钮后,屏幕显现一个黄色的格子。

(2) 要求受试者尽量不要做以下动作:①面部/头肌肉的收缩、吞咽;②眨眼睛,眼球运动;③其他的运动。

(3) 一旦对象准备好和脑信号记录结果稳定,研究者将开始数据采集。

(4) 单击开始后,将会有一个短暂的停顿,约 2s(或等于 PreRunDuration 参数)。

(5) 一个目标将出现在屏幕的右边大约 1s。这就是反馈前(pre – feedback)阶段。

(6) 光标会出现在屏幕左边边缘,并开始向屏幕的右边水平移动。它的垂直运动方向由前面定义的 EEG 特征控制。

(7) 受试者的任务是通过脑电信号控制光标的垂直运动方向,使得光标在到达屏幕右边缘时能够击中目标,光标移动从左到右所需的时间约为 3s。

(8) 如果成功击中目标,目标将改变它的颜色。否则无变化。不管哪种情况,都将持续 1s。

(9) 然后画面变黑 1s,这表明本个 trial 结束,1s 中后开始下个 trial。

当目标出现时,受试者应想象与选中与通道—频率特征相关联的运动类型。例如,在离线分析时,如果最大 r^2 值域做手运动想象相关,则要求受试者使用该想象来控制光标的移动方向。所想象的移动将使得光标在屏幕中向上移动,放松后将使得光标向下移动。

最初为受试者明确指定一种运动想象类型来控制光标移动以帮助其完成任

务。一旦受试者对这类任务非常熟悉,运动想象通常就变得不那么重要了。在这种情况下,受试者甚至觉得他们就是在"想象移动光标"。

通过为受试者提供一个舒适的椅子和一个灯光昏暗的房间,有助于减少伪迹的产生。实验人员必须仔细观察脑电图,并在受试者忘记某些指令时及时提醒。当受试者确信已经完全知道该怎么做了时,可以开始记录。

单击开始键启动反馈实验。实验期间,受试者的表现被写入到实验人员屏幕的日志窗口中,并保存为当前目录下的一个日志文件。实验者应该尽量减少噪声,少打扰实验对象。

5.2.5.3 监控记录

记录开始后,运行期间实验人员可能觉得不需要管受试者了,因为 BCI2000 的大部分实验操作是自动的。然而,实验者有几个重要任务要做。

(1)填写实验运行表以记录 BCI2000 不能自动记录的信息,这些信息在后续的数据分析中有用(例如,首轮运行时实验对象不了解操作,给受试的特定指令以及干扰等)。

(2)监测脑电图信号以检验记录的质量(例如,无电极接触失效,没有因肌肉、视觉刺激或其他运动而产生的伪迹)。

(3)如果受试者产生了伪迹,则需通知对象;如果实验对象昏昏欲睡,则需使之保持警觉;给实验对象反馈他们的表现,以将兴趣、警觉、注意力保持于高水平状态。

运行表单是极为重要的,其中记录了与数据分析有关的重要信息和观察。通常,那些对数据分析重要的和没有明确记录的所有信息,都要包括在内。例如,采样率作为参数被记录在了 BCI2000 中,但是实验人员的名字则没有被记录。这种重要细节的例子还包括某一特定实验运行时有关于实验对象的表现评价(如实验对象昏昏欲睡,实验在下午 12:34 中断),或有关的实验设置(如用电极帽#3、MONTAGE#2,实验对象距离屏幕70cm 等)。

5.2.5.4 多项实验

一旦实验运行结束,BCI2000 进入暂停状态。当单击继续,下一个运行将添加到本实验中来。当整个实验结束时,可以保存自动调整的参数用于下一个实验。利用配置窗口中的保存参数来实现。

另外,导入参数对话框允许选择一个数据文件而不是一个参数文件,进而使用包含在前面实验的数据文件中的配置,用于下一个实验。然而,数据文件中包含的参数反映了开始记录时的状态,因此实验最后一次运行时的变化就不能以这种方式恢复。

下次实验开始的时候,别忘了在存储选项增加 SessionNumber 参数。否则,新的 run 将被添加到上次实验的目录下。为了安全,BCI2000 不会覆盖现有的数据文件,并在 StorageTime 参数中记下记录的日期和时间。这一特点使得实验人员能够在后面按每个独立运行分离数据文件,即使 SessionNumber 参数没有被增加。

每次实验后,将推荐以初始实验中的方式对记录数据进行分析。这个特点允许跟踪和适应在学习的过程中实验对象参数可能出现的信号变化。

5.2.5.5　要点

这些实验的一个关键因素就是严格和一致。例如,一个典型的实验由一组(例如,4 个 ~8 个)持续 3min 的实验运行组成。除非有明显的技术问题(例如,光标总是立即跳到屏幕底部,这表明一个错误的 BCI2000 配置),在这些运行中不要改变任何参数(如位置点、频率等)。在做离线分析时,在相同的配置下总是尝试完成至少 4 次运行。因为实验对象的表现和脑电图总是存在如此多的变异性,未获得有意义的结果与结论是极可能的。例如,可能发现连续 3 个实验中实验对象最佳频率是 12Hz 而不是在开始阶段配置的 10Hz。在这种情况下,可以对这个参数做一个小的调整,这样就有机会提升实验对象的表现。

5.3　P300 BCI 教程

前面部分说明了如何配置并把 BCI2000 用于感觉运动节律(如 Mu/Beta)实验。本节将对 P300 诱发电位做一个相似的过程。正如 mu rhythm 节律一样,成功的 P300 BCI 实验需要多个步骤,包括校正实验中获取初始数据、选择与任务最相关的特征和最后执行 P300 拼写实验。本小节将包含所有的步骤。

5.3.1　一般系统配置

如 5.1 节所述,系统将配置两个监视器。

5.3.2　校正实验中获取 P300 参数

虽然所有人的 P300 诱发电位基本性质是相同的,但是每个人响应的延迟时间、宽度及空间模式却有所差别,针对具体受试者对参数进行适当调整可以提高实验的准确性。因而,在拼写实验之前得到这些对象参数是有必要的。

配置 P300 拼写实验:

(1) 连接放大器到计算机,并打开它。*

(2) 执行文件 batch/P3Speller_ < amplifier >. bat。例如, 如果使用 g. MOBIlab 放大器, 需要运行 batch/P3Speller_ gMOBIlab. bat。

(3) 单击 Config 按钮,启动 BCI2000 配置窗口。

(4) 单击 Load Parameters 导入 parms/fragments/amplifiers/ < amplifier >. prm。

(5) 接着导入 parms/p3_tutorial/InitialP3Session. prm。

(6) 在 Storage 选项, 设 SubjectName 为实验对象的首字母,设 SubjectSession 为 001, SubjectRun 为 01。

(7) 在 Source 选项,设置 ChannelNames 为每个通道对应的电极名。本例中, 基于电极在 10 – 20 常规配置中的位置使用 F3 F4 T7 C3 Cz C4 T8 Pz。

(8) 如果使用 g. MOBIlab 放大器,设置 COM 端口为之前确定的端口名。

(9) 如果使用 g. MOBIlab,设置早先确定的 COMport 参数。

(10) 在 Application 选项中, 设 WindowWidth 为实验对象的显示监视器的宽 度,WindowHeight 为高度 (本例中分别使用 1024 和 768)。

(11) 设 WindowLeft 为实验者监视器的宽度。本例中为 2048。

(12) 单击 Save Parameters,以合适的方式保存文件。

* 如果放大器来自 g. MOBIlab 家族,需要记录所连接的端口。为了确定那一 端口, 进入 Windows 开始菜单, 并选择开始—设计—控制面板—系统—硬件—设 备管理—端口(COM & LPT)。

当配置系统为用户指定的设置时,这个文件就是所用放大器的基本参数文件。

5.3.2.1 实验设计

在校正实验中,受试者被要求持续地集中注意力于矩阵中的不同字符 (图 5.6)。在每个 run 中,受试者被要求集中注意其要拼写的下一个字母。字母矩阵 的行和列持续地随机闪烁(每次只有一行或一列闪烁),有时候闪烁的那一行或列 会包含所要拼写的字母,但更多的时候并不包含。当受试者计算所要拼写字母的 闪烁次数时,会产生 P300 响应。校正实验的目的是识别出那些特征,这些特征能 够区别期望的和非期望的行和列。

前几次运行完成后,我们可以再次使用"离线分析"工具来确定哪些特征在这 种情况下是指刺激发生后特定位置和时间点的信号位于期望字符的行或列。

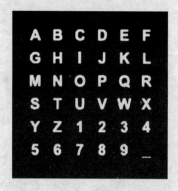

图 5.6 | P300 拼写器矩阵

5.3.2.2 执行校正实验

虽然对所有人来说,P300 响应具有基本的共性,但是某些具体的细节却因人而异,例如延迟、宽度、空间模式。对每个单独实验对象的特异点微调基本参数,可以大大提高实验的准确性。

P300 校正:

(1)运行 batch/P3Speller_ < amplifier >. bat 启动 BCI2000。

(2)按 Config,并导入前面建立的复制拼写的基本参数。

(3)在 Storage 选项,设 SubjectName 为实验对象的首字母,SubjectSession 为 001,SubjectRun 为 01。

(4)单击 Applocation 选项。

(5)确认 InterpretMode 被设为 copy mode 并且 DisplayResults(直接在 InterpretMode 下方)未选中。

(6)找到 TextToSpell 项, 设成 *THE*,每次运行后都将修改它。

(7)单击 Set Config,运用配置。

(8)请实验对象运行期间坐在一个放松的位置并不要移动和说话。

(9)关掉或调暗灯光可以提高实验对象的表现。

(10)在实验对象屏幕上显示大脑信号窗口,并借助 EEG 伪迹说明伪迹产生的行为如何对数据造成损害。

(11)单击 Start,显示闪烁的字符矩阵。描述实验对象要做的事情。

(12)在解释了程序后,单击 Suspend 停止这个过程。

(13)删除本次运行的数据 data/P300/ < Subject Initials >001/ < Subject Initials > S001R01. dat。

（14）单击 Start,记录运行。

（15）执行完毕后,单击 Config 并改变 Application 选项中的 TextToSpell 为 QUICK。

（16）单击 SetConfig。

（17）单击 Start,记录运行。

（18）执行完毕后,单击 Config 并改变 Application 选项中的 TextToSpell 为 BROWN。

（19）单击 SetConfig 然后单击 Start,记录运行。

（20）执行完毕后,单击 Config 并改变 Application 选项中的 TextToSpell 为 FOX。

（21）单击 SetConfig 和 Start,记录运行。

（22）一旦本次记录完成,关闭 BCI2000,找到保存数据文件进行分析。

5.3.3　用"离线分析"分析校正实验

5.3.3.1　"离线分析"工具

现在我们开始用 BCI2000"离线分析"工具来分析实验对象的初次实验。

（1）运行 tools/OfflineAnalysis/OfflineAnalysis. bat。

（2）在分析域项选择 Time(P300)。

（3）为采集类型项选择 EEG。

（4）空间滤波器选择公共平均参考(CAR)。

（5）设置实验改变条件项为 states. StimulusBegin = = 1。

（6）设置目标条件1 为(states. StimulusCode >0) &(states. StimulusType = = 1)。

（7）为目标条件1 输入 Attended Stimuli。"有意识的刺激"是指所计数的闪烁的字母或字符和正确刺激显示时的触发。

（8）设目标条件2 为(states. StimulusCode >0) &(states. StimulusType = = 0)。

（9）输入无意识的刺激(unattended Stimuli)为目标条件2。"无意识的刺激"是指未被计数的闪烁的字母或字符和错误刺激显示时的触发。

（10）单击 Data Files 项(字段)旁的添加按钮。

（11）在新的对话框中,选中此配置下获得的所有数据,并单击打开。

（12）单击生成图,等待特征图出现。

当所有都完成后,将会看到一个类似图5.7 的特征图。在此图中,纵轴对应不同的位置,而横轴对应刺激之后的时间。与运动想象实验一样,颜色代表的是 r^2 值,其表示当所期望的行/列或不期望的行/列闪烁时大脑对二者反应的差异度。红色代表某位置点/时间下大脑信号幅度与想要的行/列闪烁的一个高度关联,而蓝色代表关联度较低。我们感兴趣的是 200ms ~ 550ms 之间大的 r^2 值。

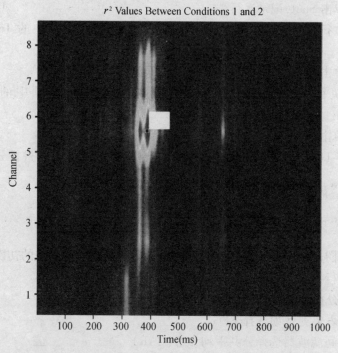

图 5.7 通过"离线分析"工具生成的特征图

选择特征:

(1) 选出 4 个有最大 r^2 值的点,并记录它们的时间点和通道。绘图的数据光标工具(工具Menu →数据光标) 可用于选择这些离散的点。

(2) 在图 5.7 的例子中, r^2 值为 0.02218, 0.02179, 0.00328 和 0.003 的 4 个数据点分别出现在 388.7ms, 392.6ms, 384.8ms 和 365.2ms;它们全来自通道 6。

(3) 为了产生发布图和时间图,需要在 Waveform Channels 字段输入 6,Topo Times 字段输入 388.7,392.6,384.8,365.2。

(4) 单击创建图重新产生特征图,其含有 4 个图显示大脑反应和任务范畴的关联 (即期望和不期望的行/列)。

(5) 如图 5.8 所示,有意识的刺激响应强于无意识的刺激,但在某些情况下,正相反。如果"无意识的"曲线大于"有意识的"曲线,那么继续下一步之前应记下这点。其他波形与此类似,为简单起见,这里只给一个。

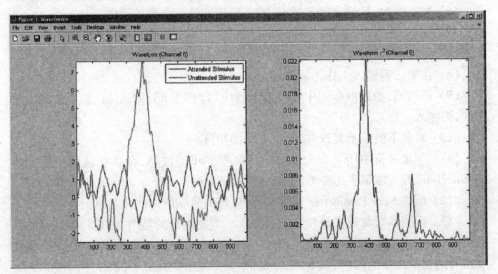

图5.8 | 通过"离线分析"工具生成的波形图

(6) 此外,进行下一步以前,确定响应的位置。P300 响应一般在 Cz 电极附近,或者仅仅位于两耳后方和直接位于两耳之间,但并不包括大脑额叶区域。如果这些特点出现,说明结果正确。

(7) 如果合适的点少于 4 个点,或者因为它们在错误的电极、错误的时间,或者仅仅因为有过低的 r^2 值,这也关系不大;3 个或 2 个值也可以工作,尽管可能导致精度过低。

(8) 此外,设置空间滤波器为 None 重新分析可能是有益的,特别是当少数通道被使用时。

与 Mu 节律教程中所做的类似,请记下最好特征出现时间和位置。记住,P300 响应一般在 Cz/Pz 电极周围出现峰值,而不是在正面或侧面的大脑区域。下一步是配置 BCI2000 去使用选定的位置点/时间点。

存储实验对象的参数:

(1) 用 batch/P3Speller_<amplifier>.bat 文件启动 BCI2000。

(2) 单击 Config,导入前面保存的配置文件。

(3) 在 Stpoage 选项下,把 SubjectSession 参数设为002,参数 SubjectName 设为实验对象的首字母。

(4) 在 Filtering 选项下,单击接近底部分类器旁边的 Edit Matrix 按钮。

（5）矩阵改成 4 列和离线分析得到的值的个数一样多的行数,并单击设置新矩阵大小。

（6）在第一列,标记为输入通道,输入所用的第一个值的通道。

（7）在标记为 Input Element（bin）的第二列,输入最佳分类时间（ms）,如 388.7ms。

（8）在第三列输入 1 作为输出通道。

（9）第四列,如果波形图中红线大于蓝线（即图 5.8）输入 1。如果蓝线大于红线,则输入 −1。

（10）对剩下的值重复这些步骤,并关闭矩阵。

（11）如果分析中用了一个常见平均参考空间滤波器,在滤波选项中把 SpatialFilterType 改成常见平均参考;否则令其为 None。

（12）单击 Save Parameters 保存文件,以任何喜欢的方式命名它。

（13）用新参数文件重复校正实验多次。重复的目的是增加拼写实验的精度。

（14）当精度达到可接受的水平时（ >90%）,单击 Config,转到应用选项,删除要拼写的文本选项的内容,设 InterpretMode 为在线免费模式,并确认 DisplayResults 框选中。

（15）单击 TargetDefinitions 旁边的编辑滚动到底部。在第一列用 BS（"退格键"）代替 9。在第二列用 < BS > 代替 9。

（16）单击 Save Parameters,把参数文件名的 copy_spell 部分改成 free_spell。

（17）这个参数文件已经就绪,今后可用于指定实验对象的 P300 拼写实验。

5.3.3.2　P300 分类器

离线分析程序的使用将会使读者熟悉 P300 响应的特点,同时,与自动选择特征的情况相比,手工选择最好特征通常会降低性能。P300 提供的 BCI2000 分类器工具实现了这种自动选择。这个独立程序自动确定最优特征（例如,信号的时间和通道）和对应的权重,并把它们输出在一个分类矩阵。使用此程序可程序化配置过程,代价是减少对 BCI 数据和 BCI2000 程序的亲身经验。

有关使用 P300 分类器的细节在 10.11 节。生成有优化分类设置的参数文件:

使用 P300 分类器:

（1）进入 BCI2000/tools/P300Classifier,双击 P300Classifier.exe。

（2）P300 分类器程序出现。

（3）在窗口的上面,单击加载训练数据文件。

（4）选择位于 BCI2000/data/P300/ < Subject Initials >001/由四次校正运行产生的数据文件。

（5）单击 Parameters 按钮，显示默认的设置。然而，此时这些设置不需要任何改变。

（6）退回*数据*窗格，单击生成特征权重。如需观察细节过程请单击详细按钮。

（7）在*细节*窗格，记录下有多少序列是 100% 准确度所要求的。这个将在后面配置 P300 拼写实验中用到。

（8）如果精度未达到 100%，说明实验对象没有产生一个强的 P300 响应，或者需要收集更多的校正数据。

（9）当分类完成时，单击*数据*窗格上的*写 *.prm 文件*。产生参数文件的名称，这在后面的 P300 拼写实验将会用到。

5.3.4　执行 P300 拼写实验

现在，合适的分类参数已被确定，执行一个真实的拼写实验则成为可能。首先，需要向实验对象说明期望他们做什么：

（1）您将会看到一个由字符、数字和标点符号组成的矩阵。

（2）选定一个字母，集中注意力于这个字母并在字母闪烁时进行计数。

（3）一段时间后，计算机通过分析脑信号确定哪个字符是您想要的，并把它添加到窗口上方的文本框中。

（4）如果出现的字母不是您想要的，集中注意力于"backspace"或"undo"以删除它。

（5）与前述实验一样，请避免眨眼、注视其他您不想的字母、移动身体或头部、说话或吞咽等动作。这些动作会产生伪迹，从而影响选择。

通过为受试者提供一个舒适的椅子和一个灯光昏暗的房间有助于减少伪迹的产生。实验人员须仔细观察脑电图，并在受试者忘记某些指令时及时提醒。当受试者确信已经完全知道该怎么做了时才开始记录。

开始一个 P300 实验：

（1）用 batch/P3Speller_ < amplifier >. bat 打开 BCI2000。

（2）单击 Config，然后单击加载参数。

（3）导入放大器的基本参数文件和前面利用离线分析（OfflineAnalysis）工具或 P300 分类器（Classifier）工具保存的参数文件。

（4）如果使用 P300 分类器，在 Filtering 选项，设 EpochsToAverage 为理想的数目（最大精度时闪烁次数）。如果使用离线分析工具，把这个设成 15。

（5）在 Application 选项，设 NumberOfSequences 为同样的数。

（6）删除要拼写的文本（Text to Spell）字段的内容。

（7）设置 InterpretMode 为在线免费模式。

（8）确认 DisplayResults 框被选中。

（9）单击 TargetDefinitions 附近的编辑矩阵并滚动到底部。

（10）在第一列用 BS 代替 9。

（11）在第二列用 < BS > 代替 9。

（12）单击 Save Parameters 并自由命名。一般地,这个参数文件会包含 P300
的放大器名和实验对象的首字母以及 Free_Spell。现在这一文件就是后面 P300 拼
写实验中具体实验对象使用的文件。

（13）单击 Set Config,开始查看 EEG 信号,给进行 EEG 记录的实验对象做
准备。

（14）注:当延迟值没有指向一个确切的实例位置时,一个警告信息将随单击
SetConfig 时一同出现。此时忽略这一警告信息是安全的。

（15）在实验对象屏幕上,实验对象熟悉的来自最初实验的拼写矩阵将被显
示。然而本实验中没有提示文本;相反地,实验对象可以自由地选择文本、单词和
句子。

（16）单击 Start 按钮开始拼写实验。

一旦一次运行结束,BCI2000 进入暂停状态。当单击继续时,更多的运行将添
加到实验中。当开始下次实验时(一般来说,在一个不同的日子),不要忘记增加
*存储*选项中 SessionNumber 参数。否则,新的运行将被添加到上次实验的目录下。
BCI2000 不会覆盖现有的数据文件,但增加存在于一个实验的目录中的最大运行
次数,而且在 StorageTime 参数中记录日期和时间。这使得实验人员可以事后依据
时间和日期,把数据文件和多实验关联,即便 SessionNumber 参数没有增加。

参 考 文 献

[1] Farwell L A, Donchin E. Talking off the to Pof youy head: toward a mental prosthesis utilizing event – related
brain potentials. Electroencephalogr. Clin. Neurophysiol,1988, 70(6): 510 –523.

[2] Schalk G, McFarland D, Hinterberger T, et al. BCI2000: a general – purpose brain – computer interface
(BCI) system. IEEE Trans. Biomed. Eng. ,2004, 51: 1034 – 1043.

[3] Sharbrough F, Chatrian G, Lesser R, et al. American electroencephalographic society guidelines for standard
electrode position nomenclature. Electroencephalogr. Clin. Neurophysiol. ,1991, 8: 200 –202.

BCI+GUIDE+集成

第6章 高级用法

前面几章概述了 BCI2000 的运行环境和基本的功能。BCI2000 还具有一系列控制和分析实验的高级技术,本章将介绍这些内容。

6.1 Matlab MEX 界面

6.1.1 介绍

BCI2000 中的 Matlab MEX 文件主要用于操作 BCI2000 的数据文件。MEX 文件允许在 Matlab 中执行外部编译的代码。因为 Matlab 代码在运行时解析,而MEX 文件包含的二进制代码在运行之前完成编译,所以 MEX 文件与同等的 Matlab 代码相比,运行时间更短。BIC2000 MEX 可以通过 Matlab 方便地访问BCI2000 的数据文件或函数。

6.1.2 使用 BCI2000 MEX 文件

6.1.2.1 Microsoft Windows 32 位平台

在 32 位 Microsoft Windows 平台上,BCI2000 二进制发布版本带有预先编译的

MEX 文件。为了能使用这些文件,在 Matlab 中加入路径 BCI2000/tools/mex, 或者把文件复制保存到 Matlab 分析脚本文件目录中。

6.1.2.2　其他平台

BCI2000 带有的预先编译的 MEX 文件,与一些其他的平台,像 Microsoft Windows 64 位视窗、Mac OS X、Linux 32 位或 64 位系统相兼容。由于这些平台对 MEX 文件的支持还处于实验阶段,有可能在特殊的配置下并不能使用。

6.1.3　建立 BCI2000 MEX 文件

通常使用的是已经建立好的二进制版本的 BCI2000 MEX 文件。如果想自己生成 BCI2000 MEX 文件,请参考以下方法。

6.1.3.1　Microsoft Windows

在 Windows 下编译 MEX 文件,需要 Borland C + + 编译器（免费版本可以从 http://www. codegear. com/downloads/free/cppbuilder 获得）。为了建立 MEX 文件,需要进行以下操作。

（1）打开一个控制台窗口。

（2）把当前路径改为 BCI2000/src/Tools/mex。

（3）从这里执行 make 命令。

若对于 Matlab 7.5 之前的版本（如 2007b）,也可以选择在配置完 mex 命令使用 Borland 编译器后使用 buildmex 脚本。对于较新的 Matlab 版本,MEX 命令已经不能支持 Borland 编译器的使用。在新的 Matlab 版本中仍然按上面的方法使用 make 命令是可行的。

6.1.3.2　其他平台

对于其他平台,BCI2000 提供了一个 Matlab 脚本可以用来建立 MEX 文件。

（1）独立于系统函数库, Matlab 创建了自己的 MEX 文件执行环境。对于 MEX 文件,这就意味着需要使用与编译 MATLAB 系统时所使用的 GCC 编译器和链接库相匹配的编译器和链接库。为了便于查看,可参考与 Matlab 列出的兼容的编译器版本。

（2）在下载了 BCI2000 源代码之后,运行 Matlab,确保 mex 命令被配置为使用 gcc 编译器。在 Matlab 命令窗口输入 hel Pmex,帮助文件将会指导配置 mex 命令。

（3）修改 Matlab 工作目录至 BCI2000/src/core/Tools/mex/。

（4）在 Matlab 命令行执行 buildmex。

（5）添加 BCI2000/tools/mex 到 Matlab 路径中,使用新建立的 MEX 文件。

6.1.4 BCI2000 MEX 函数

6.1.4.1 load_bcidat

```
[ signal, states, parameters ] ...
    = load_bcidat( 'filename1', 'filename2', ... );
```

这个函数从文件中加载信号、状态和参数数据,文件名作为参数传入到函数中。

例 加载多个文件信息的例子如下

```
files = dir( '*.dat' );
[ signal, states, parameters ] = ...
    load_bcidat( files.name );
files = ...
    struct( 'name', uigetfile( 'MultiSelect', 'on' ) );
[ signal, states, parameters ] = ...
    load_bcidat( files.name );
```

加载多个文件时,所有文件的通道个数、状态及信号类型必须全部一致。在默认情况下,信号数据是原始的 A/D 单位,以最小的可以兼容它们的 Matlab 数据类型表示。可以通过在参数列表中加入 – calibrated 选项将信号数据校准为用物理单位(μV)表示(BIC2000 中所有的在线信号处理都使用的是校准后的信号数据)。states 输出变量是使用 BCI2000 名作为成员名的 Matlab 结构体。因为信号采样都有一个状态值,状态值的个数等于 signal 输出变量的第一维元素个数。Parameters 输出变量是由 BCI2000 参数名作为成员名的 Matlab 结构体。每个参数的值表示为结构体成员 Value 中的字符串元胞数组,或表示为结构体成员 NumericalValue 中的数值矩阵。在没有数值表示时,相应的矩阵输入为 NaN。对于嵌套矩阵,没有提供 Namerical Value 成员。如加载多个文件,参数值为第一个文件中包含的值。

MEX 文件还提供了加载一个文件中部分数据的功能。下面的命令加载从第一个和最后一个采样数据子集。

```
[ signal, states, parameters ] ...
    = load_bcidat( 'filename', [first last] );
```

[0 0]表示一个空样本集,下面的命令可以只加载文件中的状态和参数而不加

载任何数据集。

```
[ signal, states, parameters ] ...
    = load_bcidat( 'filename', [0 0] );
```

6. 1. 4. 2　save_bcidat

```
save_bcidat( 'filename', signal, states, parameters );
```

这个 MEX 函数的功能是存储信号、状态和参数信息到命名的 BCI2000 文件当中。ignal, states, parameters 参数必须是在 load_bcidat 或 convert_bciprm MEX 文件中定义的 Matlab 结构体类型。信号数据总是解释为原始数据,将原样写进输出文件中。

输出文件格式与输出文件格式的扩展名相一致,如 .dat、.edf 或者 .gdf。当识别不出扩展名时, BCI2000 默认为 dat 文件格式。

6. 1. 4. 3　convert_bciprm

这个函数实现了 BCI2000 参数从 Matlab 结构体类型到字符串表达式类型间的相互转换。

```
parameter_lines = convert_bciprm( parameter_struct );
```

转换 BCI2000 参数结构体到包含有效 BCI2000 参数定义字符串的字符串元胞数组。当输入的是元胞数组而不是 Matlab 结构体时, convert_bciprm 将会转换定义的字符串到有效的 BCI2000 参数结构体中(忽略可能存在的数值域)。

```
parameter_struct = convert_bciprm( parameter_lines );
```

6. 1. 4. 4　mem

这个 MEX 函数的功能是利用自回归谱估计器来估计功率谱,这个估计器也通常在在线的 ARFilter 中使用。调用语法是:

```
[spectrum, frequencies] = mem(signal, parms);
```

这个变量 Signal 和 spetrum 维数为:通道 × 数值,变量 parms 是一个参数值向量。包括以下内容:

- 模型阶次;
- 第一个 bin 中心;
- 最后一个 bin 中心;
- bin 的宽度;
- 每一个 bin 的评价;

- 除势(detrend)选项(可选,0:无,1:平均值,2:线性;默认为0);
- 采样频率(可选,默认为1)。

6.2　操作脚本

利用操作脚本可以自动运行本来应该由用户自己完成的操作,如开始或中止系统操作。脚本可包含在脚本文件中,或直接给定在运行模块的对话框中。还可以选择在启动操作员模块时从命令行指定脚本。接下来给出详细描述。

6.2.1　事件

在BCI2000系统运行的各种阶段当中不同事件的发生都会引起特定脚本的执行。

- OnConnect:系统开始运行时触发,也就是,当所有模块与操作模块连接时。
- OnSetConfig:应用新参数时触发。当用户单击SetConfig按钮时就会触发。执行SETCONFIG脚本命令的时候也会触发这个事件。
- OnStart,OnResume:在单击开始/重新启动按钮时触发。有时当操作状态变量由一个脚本设置为1时也会触发其中一个事件。OnStart或OnResume哪个被触发取决于系统是否使用当前的参数集运行。
- OnSuspend:系统从运行转为暂停模式的时候会触发这一事件。当操作状态变量从1到0时就会触发事件,还有当用户单击Suspend、当应用模块切换系统为暂停模式时,或当脚本设置运行状态到0的时候都可能触发事件。
- OnExit:当操作模块退出时触发事件。执行QUIT脚本命令时也会触发事件。

6.2.2　脚本命令

BCI2000脚本包含一系列的脚本命令,可以通过DOS结束语句或者一个分号进行终止。当利用分号去终止命令时,一行可能包含多个指令。脚本区分大小写,命令一定要用大写字母。

在操作员模块的选项对话框中,可以为上节列出的每个事件输入相应的脚本。脚本也可以为指定脚本文件的路径或者就是一行脚本。由符号(-)开始的输入内容均作为一行脚本,其中可包含多个用分号隔开的命令。

脚本还可以从命令行指定用于开始运行操作模块。这里,各自的选项输入紧随事件名之后,用双引号表示("...")。当前可以支持的脚本命令按如下给出。

- LOAD PARAMETERFILE ＜file＞：载入一个指定路径和名字的参数文件。
相对路径与运行时操作模块工作目录有关。通常，与在 prog 文件夹中可执行程序
的位置有关。参数文件名不能包含空格。因此，例如，要输入 Documents and Set-
tings，请采用 HTML 类型编码表示空格字符，如 Documents%20and%20Settings。

- SETCONFIG：在系统中应用当前的参数，相当于 *SetConfig* 按钮。

- INSERT STATE ＜name＞ ＜bit width＞ ＜initial value＞：给系统增加一个
状态变量。状态变量包括名字、字符宽度和初值。当系统初始化完成之后这个命
令就不再使用。即使用仅限制于在 OnConnect 事件中。

- SET STATE ＜name＞ ＜value＞：把某一状态变量设为特定整型值。设置
运行状态值为 1，表示启动系统运行，设置为 0，表示暂停系统运行。

- QUIT：当终止了所有 BCI2000 模块后，停止操作。

- SYSTEM ＜command line＞：执行单行的 shell 命令。

6.2.3 示例

例1 增加状态变量 Artifact，利用操作员功能按钮设置：

（1）在操作员首选项对话框 After All Modules Connected 的下面输入（注意负
号）：

– INSERT STATE Artifact 1 0

（2）在功能按钮下，输入 Set Artifact 作为按钮 1 的名字。命令中输入（注意这
里没有负号）：

SET STATE Artifact 1

（3）输入 Clear Artifact 作为按钮 button 2 的名字，命令中输入：

SET STATE Artifact 0

例2 下面的例子介绍了如何从命令行指定具体的脚本命令。BCI2000 的
操作完全是自动的，载入参数文件、应用参数、参数应用之后运行系统，运行结束
后终止系统。为了更方便阅读，例子要分行断开；为了执行，命令需要以单独行
输入。

```
operat.exe
        - -OnConnect " -LOAD PARAMETERFILE
                    ..\parms\examples\CursorTask\
                    SignalGenerator.prm; SETCONFIG"
        - -OnSetConfig " -SET STATE Running 1"
        - -OnSuspend " -QUIT"
```

6.3   命令行选项

6.3.1   操作员选项

操作员模块可以从命令行指定具体脚本。命令行的选项相当于操作员首选项对话框的脚本输入。存在下列选项：--OnConnect，--OnExit，--OnSetConfig，--OnSuspend，--OnResume 和--OnStart。

在每一个选项之后，需要一个空格，紧跟一个用双引号表示的字符串。例如：

- --OnConnect "C：\scripts\onconnect. bciscript"
- --OnConnect "--LOAD PARAMETERFILE .. \parms\myparms. prm"

6.3.2   核心模块选项

在 BCI2000 模块开始运行时使用命令行选项，可以在同一网络中的不同电脑上运行不同的 BCI2000 模块，为脑信号记录改变数据格式，转换调试信息，或设置 BCI2000 自动运行。

核心模块，即数据获得、信号处理、应用模块共享同样的命令行语法：

< ModuleName > < operator IP > ：< operator port >

-- < option1 > - < value1 >

-- < option2 > - < value2 > . . .

所有参数都是可选的。

在开始运行时，每一个核心模块与操作员模块相连接。如果在命令行没有指明 IP 地址，则使用 127. 0. 0. 1 作为 IP 地址，开放给本地的机器。如果没有给定端口，每个模块会使用专门的默认端口，此时不需要去改变端口数量。

以一个双负号开始，可以给定任何数量的参数选项。如前所述，选项名和选项值由一个负号相连，形成一个连续字符串。使用它的名字为参数名，值为参数值，每一个选项都被转换成一个 BCI2000 参数。当一个参数名已经存在时，参数值将从默认值改为在命令行中的设定值。当没有相应参数存在时，新参数会被加入到系统参数中。参数值一定不能在命令行中包含空格。但空格可以采用 HTTP 类型编码，如利用'％20'可替代一个单独空格。

另外，还有几个不同种类的选项：

- 指定 -version 将显示版本信息，然后退出。

● FileFormat 选项可以转换数据记录中的不同文件格式。输出的文件格式在模块运行时确定,不能通过修改操作员模块首选项对话框中的 FileFormat 参数来改变。

● Debug 选项让模块通过操作员模块窗口发布调试信息。

● LogKeyboard,LogMouse 和 LogJoystick 选项将分别记录键盘、鼠标、操作杆移动信息。

6.3.3　数据文件格式

这部分介绍可用的输出的数据格式和如何选择数据格式。

在运行时,通过指定命令行参数给源模块来选择一个文件格式类型。如:

gUSBampSource　− −FileFormat = Null

或者

SignalGenerator　− −FileFormat = GDF

一般情况下,源模块通过 batch 文件夹中的批处理文件来运行,对应命令行参数也在文件夹中指定。源模块内部通过由 File Writer 类实现 GenericFileWriter 类定义的接口,从而提供对各种输出格式的支持。因此,程序员可以通过 Generic-FileWriter 获得一个新类来支持一个新的输出格式,将其添加到已经存在的源模块当中。

在命令行模式下,最后一个"—"之后,"FileWriter"之前的值就是源模块中所支持的输出文件扩展名,有对应的从 GenericFileWriter 类继承下来的子类支持。在第一个例子当中, NullFileWriter 类用于数据输出 (本身并不产生任何输出文件), GDFFileWriter 类用在第二个例子当中。

BCI2000 文件格式(− −FileFormat = BCI2000) 参数,BCI2000 状态变量和脑信号数据以 BCI2000 数据格式写入 BCI2000 数据文件。如果没有具体指定文件格式,这也是系统默认的文件格式。

Null 文件格式 (− −FileFormat = Null) 没有信息记录。滤波器仍可以把日志文件写入到由 DataDirectory, SubjectName 和 SubjectSession 参数所定义的目录中。

EDF:文件格式 (− −FileFormat = EDF) EDF (*欧洲数据格式*)(参考文献[1], http://www. edfplus. info/specs/edf. html) 是一种标准的生物信号数据格式,该数据格式尤其适用于睡眠研究领域。EDF 限制为 16 位数据。BCI2000 的状态变量被保存在额外的信号通道中,而 BCI2000 的参数不能用 EDF 格式表示。设置保存附加参数文件(SaveAdditionalParameterFile)的参数值为 1 就可以利用 EDF 数据格式存储一个单独的 BCI2000 参数文件。

GDF 文件格式 – – FileFormat = GDF GDF 是近来设计的用于生物信号的数据格式(参考文献[3], http://biosig. sf. net)。建立在 EDF 格式基础上,GDF 文件允许任意的数值数据类型,引入事件表格,并提供标准的事件编码。当前,BCI2000支持 2. 10 版本的 GDF 格式。BCI2000 并不指定状态变量的明确意义,而 GDF 则将一个固定事件集中的每一个事件与一个特定数值码相关联。因此,将 BCI2000状态通过通用映射转换成 GDF 事件是不可能的。另外,GDF 中的事件是通过在EventCode 参数中由用户定义的一套映射规则创建的,并已对绝大多数重要事件预先制定了一套规则。除了 GDF 事件,同 EDF 一样,BCI2000 状态变量也被保存到额外附加的通道中。从 2. 0 版本以后, GDF 对元数据(一列含标签/长度/值的数据)提供了附加头文件空间, BCI2000 利用以"BCI2000"为标签的结构存储参数。在 GDF 数据域,同样采用了在 BCI2000 参数文件和. dat 文件头中使用的用户直接可读的数据格式。

6. 4   AppConnector

6. 4. 1   介绍

BCI2000 外部程序接口(AppConnector)提供了 BCI2000 与运行在同一计算机或局域网内其他不同计算机上的外部进程进行双向信息交换的一个渠道。通过外部程序接口,外部应用程序可以读/写 BCI2000 的状态向量信息和控制信号。例如,外部程序可以读取 ResultCode 状态以获取分类结果,设置 TargetCode 状态来控制用户任务,或读取由 SignalProcessing 计算得到的控制信号来控制外部设备(如机器人手臂或 Web 浏览器)。不同机器上运行的多个 BCI2000 实例可以共享信号数据和控制信号信息以运行交互式应用程序,如游戏。

6. 4. 2   使用范围

接口是为了方便访问 BCI2000 的内部信息,使得当不便于生成完整的BCI2000 模块时,能够获得内部信息。如对外部应用程序的控制,而应用程序又不允许完全兼容至 BCI2000 框架(如用于有效低频段拼写的 Dasher 系统[2])。

此接口并非要替代已经存在的 BCI2000 信息传输框架。写一个完全兼容于BCI2000 框架模块的优点是可以通过 BCI2000 通用接口进行模块配置,配置参数与其他系统参数一起被保存在数据文件中,并且任何时间点的模块状态也被编码为事件标志保存于数据文件中。

相反,利用 AppConnector 接口来控制外部设备意味着外部设备的设置必须在 BCI2000 之外完成,相应设置参数不与数据文件一起存储,而且输出设备的内部状态不与大脑信号一起自动保存(虽然为了使用操作员模块 INSERT STATE 脚本命令,可以引入自己的状态变量)。在数据文件中没有配置和状态信息将会使得重建实验更困难,因此在使用时要非常谨慎。

6.4.3 设计

外部应用程序接口的设计本着简洁、尽可能少干扰信号在 BCI2000 系统间传输的原则。因此,我们选择的不是基于 TCP 而是基于 UDP 无连接的传输协议。这将可能导致信号损失,或传输信报的重新排序。为了使损失的可能性降到最低,将后果尽可能地控制在本地范围内,信报的设计应该简短、自包含并以用户可读的形式进行冗余编码。

UDP 的无连接属性意味着 UDP 连接没有服务器或客户端之分。而无论何时,进程都可以写入本地或远程 UDP 端口,读取本地 UDP 端口。因此,运行 BCI2000 的机器 A 和运行外部应用程序机器 B 之间的双向交流需要两个 UDP 端口:

(1) BCI2000 发送信息到机器 B 的端口供外部程序使用。

(2) 外部程序发送信息到机器 A 的端口供 BCI2000 使用。

在大多数情况下,BCI2000 和外部应用程序在同一个机器上运行,即 A 和 B 指向同一台机器,端口都是本地的,但它们仍然是不同的端口。

当需要在大量网络节点间或不可靠连接间进行通信时,我们建议使用本地 UDP 通信,配合本地可执行的 TCP/IP 服务器进程,将信报在两台远程机器间进行转发。

6.4.4 描述

对由 BCI2000 系统处理的每一个数据块,有两种类型的信息由 BCI2000 发送出去并可能从外部程序接口接收:

(1) 由所有 BCI2000 状态值所定义的内部状态。

(2) BCI2000 的控制信号。

数据的发送紧跟在应用模块的任务滤波器处理数据之后;接收数据发生在任务滤波器工作之前。这样确保用户所做的修改可以马上发出,而接收信息将立即提供给任务滤波器。IP 地址和端口可由用户设置,信息的发送和接受并不需要使用同样的地址和端口。

6.4.5 协议

协议中每一条信息包含用一个空格隔离开的字段名和字段值。利用换行（'\n' = =0x0a) 符号表示结束，通过字段名可以辨别两类信息。

（1）BCI2000 状态名后为一个利用十进制 ASCII 码表示的整数，即状态值。

（2）信息名称表示的格式为：Signal（<channel>，<element>）- 后面为一个十进制 ASCII 码表示的浮点数。通道和元素索引号从 0 开始。

6.4.6 实例

Running 0\n

ResultCode 2\n

Signal(1,0) 1e-8\n

以上几行为 AppConnector 传输的有效信息示例。如果第一行发送给 BCI2000，它会把 BCI2000 转为暂停状态。需要重点注意的是：在暂停状态下 App-Connector 通信不能进行。

控制信号的意义取决于应用程序模块。对于 BCI2000 光标任务，有三个控制信号的通道（通道索引为 0,1,2），每一个包含一个值（即元素），三个通道相当于 X、Y、Z 三个方向的速度，例如：

Signal(1,0) 1e-2\n

表示垂直光标速率为 1e-2。

6.4.7 在 BCI2000 中的参数化

BCI2000 从 ConnectorInputAddress 参数指定的本地 IP socket 上读取 AppConnector 信息，并把信息写进 ConnectorOutputAddress 参数指定的 socket 上。Socket 由一个地址/端口组合来指定。地址可能是主机名称、数值 IP 地址。地址和端口之间用冒号隔开，如 localhost:5000 或 134.2.103.151:20321。

ConnectorInputFilter 参数中定义了一个允许字段名列表，输入信息首先要根据这个列表来过滤掉不需要的信息。为了能接收到所需要的信息，必须在列表中加入相应的字段名。如果要接受所有字段，只需要在列表中输入一个唯一的元素 *。

6.4.8 实例

6.4.8.1 BCI2000 示例代码

用户可以在 BCI2000/src/contrib/ AppConnectorApplications/目录中找到简单

的 AppConnector 例子。如例子 ParallelSwitch，这是从 BCI2000 使用 AppConnector 的简单程序，为了控制并行端口的状态。另一个例子是 AppConnectorExample，一个可以与 BCI2000 进行状态交互的 GUI 应用程序。

下面给出了利用 BCI2000 sockstream 类读取 BCI2000 AppConnector 信息的简单的 C++ 程序示例。

```cpp
include <iostream>
include "SockStream.h"

using namespace std;

int main( int argc, char ** argv )
{
  const char * address = "localhost:5000";
  if( argc > 1 )

    address = argv[ 1 ];

  receiving_udpsocket socket( address );
  sockstream connection( socket );
  string line;
  //Print each line of BCI2000 input to stdout.
  while( getline( connection, line ) )
    cout << line << endl;

  return 0;
}
```

注意：本例使用的 BCI2000 socket stream 类包含在 src/shared/utils/SockStream. cpp。用户可以把这个文件加到其项目中建立这个示例程序。

6.4.8.2　运行于本地可读取 BCI2000 信息的外部程序

● 设置 ConnectorOutputAddress 参数为本地地址，端口号要大于 1024，如 localhost:5000。

● 在外部程序中，创建一个 UDP socket 绑定给 BCI2000 输出端口，如 localhost:5000。

● 从该 socket 读取，与从 TCP socket 读取一样。

6.4.8.3 运行于远程机器可读取 BCI2000 信息的外部程序

- 设置 ConnectorOutputAddress 参数为远程机器地址,端口要大于 1024,如 134.2.102.151:20321。
- 在外部程序中,创建一个 UD Psocket,绑定给远程机器的外部地址,如 134.2.102.151:20321 而不是 localhost:20321。
- 从该 socket 读取,与从一个 TC Psocket 读取一样。

6.4.8.4 运行于本地向 BCI2000 发送信息的外部程序

- 设置 ConnectorInputAddress 参数为本地地址,端口要大于 1024,如 localhost:5001。
- 设置 ConnectorInputFilter 为 * 。
- 在外部程序,创建一个 UDP socket 绑定给 BCI2000 输入端口,如 localhost:5001。
- 在任何时间给 socket 写有效的 AppConnector 信息行。

6.4.8.5 运行于远程机器向 BCI2000 发送信息的外部程序

- 设置 ConnectorInputAddress 参数为本地机器的外部地址,端口大于 1024,如 bci2000machine.yourdomain.org:20320。
- 在外部程序中,创建一个 UDP socket 绑定至机器的外部地址,如 bci2000machine.yourdomain.org:20320。
- 在任何时间给 socket 写有效的 AppConnector 信息行。

6.5 表达式滤波器

BCI2000 提供了一个强有力的机制可以通过修改滤波器链来操控和修改数据的处理且不需要重新编译,这使得信息处理结果可以与 BCI2000 状态值合并或添加为 BCI2000 状态值。例如,只需要输入给表达式滤波器(Expression Filter)矩阵一个合适的值就可以用操作杆替代基于光标的脑控制(这个例子要假设控制杆日志如 6.3.2 节中所述那样启用):

JoystickXpos

JoystickYpos

10.7.4 节包含了如何使用表达式滤波器的细节信息和以及数个示例。

参 考 文 献

［1］Kemp B，Värri A，Rosa A C，et al. A simple format for exchange of digitized polygraphic recordings. Electro-encephalogr. Clin. Neurophysiol，1992，82(5)：391－393.

［2］MacKay D. Dasher－An efficient keyboard alternative. Adv. Clin. Neurosci. Rehabil，2003，3(2)：24.

［3］Schlögl A. GDF－A general dataformat for biosignals. http://arxiv. org/abs/cs. DB/0608052. 2009.

BCI+GUIDE+集成

Building BCI2000
Writing a Custom Source Module
Writing a Custom Signal Processing Module
Writing a Custom Matlab Filter

第7章 程序设计参考

7.1 创建 BCI2000

本章介绍如何创建 BCI 2000 V2.0,如从源代码中生成可执行的 BCI 2000。这个过程与 BCI2000 V3.0 的创建略有不同。

7.1.1 为何从源文件创建

通常情况下,只需要使用 BCI2000 二进制发布版本来直接安装,并不需要自己创建,除非以下情况:

- 想经常使用 BCI2000 最新 SVN 版本。
- 想通过修改已有的模块创建新的模块,或者从头开始创建新的模块。

7.1.2 需要使用的工具

创建/编译 BCI2000 可使用 Borland 公司的 C + + Builder 6,或者 Borland CodeGear Development Studio 2007/2009。用户 GUI 和应用程序模块通常使用 Borland VCL 库(BCI2000 V3.0 还支持 VisualStudio 和 MinGW,并基于跨平台的库 Qt)。BCI2000 中的一些非 GUI 相关部分,可使用免费的 Borland C + +编译器,其中包括 Matlab MEX 文件。

7.1.3   如何创建

使用命令行创建需要安装 Borland C + + Builder 6。这节描述了如何使用命令行、BorlandC + + 6 IDE,以及在更新版本的 Borland C + + 环境下创建 BCI2000。

1）通过命令行创建 BCI2000

（1）运行 Windows cmd,打开开始菜单,选择 Run,输入 cmd。

（2）转到 BCI2000 src 目录,如果 BCI2000 安装在 C 盘目录下,输入 cd c: \BCI2000\src。

（3）在命令提示符中键入 make。

（4）如果更新或者编辑了任何源文件,产生了连接错误或者其他预料外的行为,执行 make clean && make all。

（5）创建新的版本,需要执行 make build 而不是 make 或者 make all,从而可以更新在 BCI2000"Version"参数和 BCI2000 GUI 应用程序的"About"菜单中的创建信息。

2）通过 Borland C + + Builder 6 IDE 创建 BCI2000

（1）双击打开 BCI2000/src/BCI2000. bpg。

（2）确保"Project Manager"视图在左侧可见（在 View 菜单栏选择"Project Manager"使其显示）。

（3）右击最顶端的程序（位于"BCI2000"下面）,选择 Make all from here。

（4）如果要排除之前创建的程序可能引起的前后不一致,选择 Build all from here 而不是 Make all from here。

3）使用 Borland C + + Builder(BCB)2006/2007/2009 编译 BCI2000

（1）当使用 BCB 2006 时,确保 http://cc. embarcadero. com/reg/bds 上的更新都安装了。BCB 2006 的最初版本是有缺陷的,没有更新之前不能运行。建议更新至 BCB 2007 或者 BCB 2009。

（2）使用 Borland Developer Studio 打开 BCI2000/src/BCI2000. bpg,从而将所有的项目导入至 BDS 项目文件。

（3）在项目管理器（右顶端）,右击最上端的项目选择 Make all from here。

（4）如果要排除之前创建的程序可能引起的前后不一致,选择 Build all from here 而不是 Make all from here。

（5）命令行创建不能与 Borland C + + Builder 2007/2009 共同使用,因为它缺少 project – to – makefile 的功能。而 Matlab MEX 文件可以使用命令行编译,见6. 1 节。

（6）当使用 BCB 2006 时,运行 BCI2000 时会产生 invalid property 运行时间错

误。这是 *. dfm 文件的不完全导入引起的。因此要确保安装所有的可用更新,然后导入完整版本的 BCI2000 源文件目录。如果还是有错误,推荐更新为新版本的 Developer Studio 开发工具。

7.1.3.1 编译第三方程序

（1）从命令行创建。通过命令行创建 BCI2000 后,BCI2000/src 目录下的 makefiles 文件包含了一个子程序,而第三方程序在前面用"#"标记注释出来（BCI2000 包含了由 BCI2000 开发队伍执行的 core 部分,其他参与人员设计的 con-tributed 成分）。当去掉标记"#"并执行 make all 或者 make build 时,第三方程序也同时被编译。同样,也可以通过标记部分不需要执行的核心组件来加速创建。

（2）通过 IDE 创建。打开 src/contrib 目录下的 contrib 项目组,创建需要的第三方程序。

7.1.4 启动 BCI2000

程序编译后,通过执行 BCI2000/batch 目录下的合适批处理文件开始配置 BCI2000。当 BCI2000 配置开始时,只需加载一个 BCI2000/parms/examples 目录下与批处理文件同名的参数文件。如果特定配置所需要的批处理文件不存在,只需要修改与所需文件近似的批处理文件即可。

7.2 编写一个自定义的源模块

在这节,我们将指导你完成编写一个基于虚拟数据采集卡的全新的源模块。其设计理念与那些基于提供 C/C++接口的真实数据采集卡的源模块类似。

数据获取模块包含了能提供通用 BCI2000 框架功能的代码（如数据存储）,另外还包括访问特定数据采集硬件的代码。当编写源模块时,只需要关心如何从数据采集硬件获取数据。具体来说,你需要实现等待和读取 A/D 数据的函数及其他执行初始化和清空功能的辅助函数。这些函数被封装在一个从 GenericADC 类继承下来的子类中。

7.2.1 实例展示

我们所使用的 Tachyon 公司的 A/D 卡带有 C 语言软件接口在头文件 Tachyon-Lib. h 中声明,它包含了三个函数:

```
define TACHYON_NO_ERROR 0
int TachyonStart( int inSamplingRate,
```

```
                    int inNumberOfChannels );
    int TachyonStop( void );
    int TachyonWaitForData( short * * outBuffer,
                    int inCount );
```

通过程序库帮助文件,可以了解到 TachyonStart 负责配置采集卡并开始采集数据到内部缓冲区中;TachyonStop 负责停止向缓冲区采集数据,TachyonWaitForData 负责阻塞程序执行直至获取了特定量的数据,并在第一个参数中返回一个指针指向存储数据的缓冲区。

每一个执行正确的函数都将返回零值,否则返回错误信息编码值。Tachyon 公司提供 BCI2000 源模块所需要的一切,因此实现 ADC 类是非常简单的。

另外还需注意,设备自带的 .lib 文件,它的格式与 Borland 编译器可能会不兼容。在这种情况下,需采用 Borland 的 implib 工具来为设备的 .dll 文件创建一个兼容 Borland 的导入库(.lib 文件)。

7.2.2　编写 ADC 头文件

在类的头文件 . TachyonADC. h 中需编写:

```
ifndef TACHYON_ADC_H
define TACHYON_ADC_H

include "GenericADC.h"

  class TachyonADC : public GenericADC
  {
   public:
    TachyonADC();
    ~TachyonADC();
    void Preflight( const SignalProperties&,
                  SignalProperties& ) const;
    void Initialize( const SignalProperties&,
                  const SignalProperties& );
    void Process( const GenericSignal&,
                  GenericSignal& );
    void Halt();
   private:
    int mSourceCh,
        mSampleBlockSize,
```

```
          mSamplingRate;
  };
 endif  // TACHYON_ADC_H
```

7.2.3 ADC 实现

在 . cpp 文件中,需添加一些包含文件和滤波器注册:

```
include "TachyonADC. h"
include "Tachyon/TachyonLib. h"
include "BCIError. h"
 using namespace std;
 RegisterFilter( TachyonADC, 1 );
```

在构造函数中,需要得到 ADC 类所需要的参数和状态;在析构函数中,需要调用 Halt 来确保当类的实例被析构时,采集卡立即停止获取数据:

```
TachyonADC::TachyonADC( )
: mSourceCh( 0 ),
  mSampleBlockSize( 0 ),
  mSamplingRate( 0 )
{
  BEGIN_PARAMETER_DEFINITIONS
    "Source int SourceCh = 64 64 1 128 "
        "//number of digitized channels",
    "Source int SampleBlockSize = 16 5 1 128 "
        "//number of samples transmitted at a time",
    "Source int SamplingRate = 128 128 1 4000 "
        "//the sample rate",
  END_PARAMETER_DEFINITIONS
}
TachyonADC:: ~ TachyonADC( )
{
Halt();
}
```

7.2.4 ADC 初始化

Preflight 函数用于检测采集卡是否正确运行,并得到采集卡输出信号的各种属性信息。

```
 void TachyonADC::Preflight(
```

```
                      const SignalProperties&,
                      SignalProperties& outputProperties )
                      const
}
   if( TACHYON_NO_ERROR ! =
       TachyonStart( Parameter( "SamplingRate" ),
                     Parameter( "SourceCh" )
                    )
   )
   bcierr < < "SamplingRate and/or SourceCh parameters"
       < < " are not compatible"
       < < " with the A/D card"
       < < endl;
   TachyonStop( );
   outputProperties = SignalProperties(
                      Parameter( "SourceCh" ),
                      Parameter( "SampleBlockSize" ),
                      SignalType::int16 );
}
```

其中,函数 SignalProperties 的最后一个参数 SignalType 不仅决定了传输到 BCI2000 滤波器中的信号数据类型,也决定了源模块所保存的 dat 文件中的数据格式。因此,如果数据采集硬件所获取的数据是 int 32、float 32 中的一种,则需要用 SignalType::int32 或者 SignalType::float32 代替。

只有当 Preflight 函数正常运行,Initialize 初始化函数才会执行。因此,可以跳过进一步的检查,编写以下代码:

```
void TachyonADC::Initialize(
                      const SignalProperties&,
                      const SignalProperties& )
}
mSourceCh = Parameter( "SourceCh" );
mSampleBlockSize = Parameter( "SampleBlockSize" );
mSamplingRate = Parameter( "SamplingRate" );
TachyonStart( mSamplingRate, mSourceCh );
}
```

为对应 TachyonStart 函数在 Initialize 函数中的响应,应调用 Halt 函数停止 ADC 代码初始化中的所有异步动作:

```
void TachyonADC::Halt()
{
TachyonStop();
}
```

7.2.5 数据获取

Process()函数只有当输出信号的数据填满时才会有返回值,因此 Tachyon-WaitForData 函数必须是一个阻塞函数(如果采集卡中没有这样一个函数,需要检查数据,并在这个检测的循环中调用 Sleep(0) 或者 Sleep(1) 避免占用 CPU)。

```
void TachyonADC::Process ( const GenericSignal&,
                           GenericSignal& outputSignal )
{
  int valuesToRead = mSampleBlockSize * mSourceCh;
  short * buffer;
  if( TACHYON_NO_ERROR = = TachyonWaitForData(
                           &buffer,
                           valuesToRead )
  )
  {
    int i = 0;
    for( int ch = 0; ch < mSourceCh; + +ch )
      for(int s = 0; s < mSampleBlockSize; + +s)
        outputSignal( ch, s ) = buffer[ i + + ];
  }
  else
    bcierr < < "Error reading data" < < endl;
}
```

7.2.6 添加源滤波器

大多数测量设备都带有硬件滤波器来滤除线路噪声。如果设备不提供这种功能,则需要在数据获取模块中增加 SourceFilter,见 10.3.4 节。

7.2.7 完成

这个模块到此结束。使用自己的 TachyonADC.cpp 来代替现有源模块中从 GenericADC 继承下来的子类。将采集卡所带的 TachyonADC.lib(或使用 implib 创建的函数库)添加到项目中,再进行编译,连接。

7.3   编写一个自定义的信号处理模块

这部分内容包括了如何从 GenericFilter 类继续编写新的滤波器类,如何检查先决条件,初始化滤波器和处理数据。同时,还将展示如何使滤波后的输出信号可视化并展示给用户看。

7.3.1   简单的低通滤波器

这部分的目标是实现一个低通滤波器,它的参数包括时间常数 T(样本信号时间间隔),序列 $S_{in,t}$ 表示输入信号,$S_{out,t}$ 表示输出信号(t 表示样本信号对应于时间的索引):

$$S_{out,0} = (1 - e^{-1/T})S_{in,0}$$
$$S_{out,t} = e^{-1/T}S_{out,t-1} + (1 - e^{-1/T})S_{in,t}$$

7.3.2   滤波器构架

我们所写的滤波器类称为 LPFilter。我们需创建两个新文件,LPFilter. h 和 LPFilter. cpp,在 LPFilter. h 中需包含一个滤波器的最小声明:

```
#ifndef LP_FILTER_H
#define LP_FILTER_H

#include "GenericFilter.h"

class LPFilter : public GenericFilter
{
  public:
    LPFilter();
    ~LPFilter();
    void Preflight( const SignalProperties&,
                    SignalProperties& ) const;
    void Initialize( const SignalProperties&,
                     const SignalProperties& );
    void Process( const GenericSignal&,
                  GenericSignal& );
};
```

```
#endif //LP_FILTER_H
```

在 LPFilter. cpp 中添加如下代码。

```
#include "PCHIncludes.h"
#pragma hdrstop

#include "LPFilter.h"
#include "MeasurementUnits.h"
#include "BCIError.h"
#include <vector >
#include <cmath >

using namespace std;
```

7.3.3 Process 函数

要实现一个滤波器,首先要实现 Process 函数,因为滤波器类的其他成员函数仅仅是辅助的,滤波器主要由 Process 函数实现。第一步,我们要将滤波器算法转化为 Process 的代码,引入成员变量 ad hoc,忽视可能的错误情况,不考虑效率问题:

```
void LPFilter::Process( const GenericSignal& input,
                        GenericSignal& output )
{
    for( int ch = 0; ch < input.Channels(); ++ch )
    {
    for( int s = 0; s < input.Elements(); ++s )
    {
        mPreviousOutput[ ch ] *= mDecayFactor;
        mPreviousOutput[ ch ] +=
            input( ch, s ) * ( 1.0 - mDecayFactor );
        output( ch, s ) = mPreviousOutput[ ch ];
    }
    }
}
```

7.3.4 Initialize 成员函数

通过将 Process 函数与上面的等式对比,会发现,引入的成员变量代表下面这些子表达式:

$$mPreviousOutput[\quad] = S_{out, t-1}$$
$$mDecayFactor = e^{-1/T}$$

将这两个变量引入类声明，在 Process 声明中添加以下几行。

```
private:
 float               mDecayFactor;
 std::vector < float > mPreviousOutput;
```

下一步是通过引入滤波器所需的参数来初始化成员变量。这些在 Initialize 成员函数中实现。这个函数也没有考虑可能的错误情况：

```
void LPFilter::Initialize(
      const SignalProperties& inputProperties,
      const SignalProperties& outputProperties )
{
    // This will initialize all elements with 0
    mPreviousOutput.clear();
    mPreviousOutput.resize( inputProperties.Channels(),
                     0 );
    float timeConstant = Parameter( "LPTimeConstant" );
    mDecayFactor = ::exp( -1.0 /timeConstant );
}
```

目前，这个版本的滤波器，用户去配置时相当不便利，因为由样本时间间隔决定时间常数，导致了每次采样率发生变化，就需重新配置。比较好的方法是让用户选择时间参数是以秒为单位还是以样本块为单位。

为实现这个目标，BCI2000 提供的 MeasurementUnits 类的成员 ReadAsTime( )，它的返回值为样本块（也就是 BCI2000 系统的默认时间单位）。写的数字后面跟着字母 s 代表允许用户指定的时间以秒为单位；没有 s 结尾的数字以样本块为单位。因此，用户友好型版本的 Initialize 函数如下。

```
void LPFilter::Initialize( const SignalProperties&,
                         const SignalProperties& )
{
    ...
    // Get the time constant in units of a sample
    // block's duration:
    float timeConstant = MeasurementUnits::ReadAsTime(
                     Parameter( "LPTimeConstant" )
                   );
    // Convert it into units of a sample's duration:
```

```
    timeConstant * = Parameter( "SampleBlockSize" );

    mDecayFactor = ::exp( -1.0 /timeConstant );
}
```

7.3.5 Preflight 函数

到目前为止,我们还没有考虑任何可能在执行过程中发生的错误情况。浏览
Process 和 Initialize 函数代码,有以下一些假设。

(1) 时间常数非零;否则,会出现除零情况。

(2) 时间常数非负;否则,输出信号不能保证是有限的,可能出现数值溢出。

(3) 输出信号所包含的数据至少与输入信号一样多。

当用户输入数据给 LPTimeConstant 参数时,数据输入不合法将可能出现前两
种情况。在这种情形下,我们要确保报错,并且这两种情况下任何代码都不能被执
行。对于最后一种情况,我们在 Preflight 函数中要对输出信号进行处理。Preflight
函数代码如下。

```
void LPFilter::Preflight(
    const SignalProperties& inputProperties,
    SignalProperties& outputProperties ) const
{
    float LPTimeConstant
        = MeasurementUnits::ReadAsTime(
            Parameter( "LPTimeConstant" )
        );
    LPTimeConstant * = Parameter( "SampleBlockSize" );

    //The PreflightCondition macro will automatically
    //generate an error message if its argument
    //evaluates to false.
    //However, we need to make sure that its
    //argument is user-readable
    // -- this is why we chose a variable name that
    //matches the parameter name.
    PreflightCondition( LPTimeConstant > 0 );

    //Alternatively, we might write:
    if( LPTimeConstant < = 0 )
```

```
bcierr << "The LPTimeConstant parameter must"
        << " be greater 0"
        << endl;
//Request output signal properties:
outputProperties = inputProperties;
}
```

7.3.6   构造和析构

由于我们不需要获取资源,也没有其他的异步操作,因此 LPFilter 的析构函数不需要做任何事。在构造函数中我们需要对所声明的类成员完成初台化,并定义 BCI2000 参数 LPTimeConstant。

```
LPFilter::LPFilter()
: mDecayFactor( 0 ),
  mPreviousOutput( 0 )
{

  BEGIN_PARAMETER_DEFINITIONS
      "Filtering float LPTimeConstant = 16s"
        " 16s % %  //time constant for the low pass"
          " filter in blocks or seconds",
  END_PARAMETER_DEFINITIONS
}
LPFilter:: ~LPFilter()
{
}
```

7.3.7   滤波器实例

要在信号处理模块中添加我们设计的滤波器对象,需在模块的 PipeDefinition. cpp 中增加 Filter 语句。这个语句是通过指定一个字符串来确定所使用的滤波器在滤波器链中的位置。如果是在 AR 信号处理模块中使用该滤波器,并将它放在 SpatialFllter 后,要添加:

```
#include "LPFilter. h"
...
Filter( LPFilter, 2. Bl );
```

到文件 SignalProcessing/AR/PipeDefinition. cpp 中。现在如果我们要编译和连接 AR 信号处理模块,就会出现"unresolved external"连接错误来提醒我们将 LPFilter. cpp 添加到该项目中。

7.3.8 可视化滤波器输出

滤波器一旦加入到滤波器链中,BCI2000 就会自动生成一个 VisuallizeLPFilter 参数,这个参数位于操作员模块配置对话框的 Visualize→Proceesing Stages 下。这个参数允许用户在可视化窗口查看 LPfilter 的输出信号。大多数情况下,可视化是可行的。为使讲解更深入,我们放弃这个自带的可视化功能,通过自己的程序来实现。

为使自动可视化失效,我们重载 GenericFilter∷AllowsVisualization( )成员函数使它返回 false。另外,为使 LPFilter 的输出信号能在操作者窗口显示,需要引入一个 GenericVisualization 类型的成员到 filter 类中:

```
#include "GenericVisualization.h"
...
class LPFilter : public GenericFilter
{
    public:
...
        virtual bool AllowsVisualization()
            const { return false; }
    private:
...
        GenericVisualization mSignalVis;
};
...
```

GenericVisualization 的构造函数将一个 string 类型可视化 ID 作为参数;我们需要一个唯一的 ID 来使数据能够到达正确的操作者 windows 窗口。假设给出的字符串"LPFLT"是唯一的,LPFilter 构造函数做如下转变。

```
LPFilter::LPFilter()
: mDecayFactor( 0 ),
    mPreviousOutput( 0 ),
    mSignalVis( "LPFLT" )
{
    BEGIN_PARAMETER_DEFINITIONS
        "Filtering float LPTimeConstant = 16s"
            "16s % % //time constant for the"
                " low pass filter in blocks or seconds",
        "Visualize int VisualizeLowPass = 1"
```

```
         "1 0 1 //visualize low pass"
          " output signal (0 = no, 1 = yes)",
    END_PARAMETER_DEFINITIONS
}
```

在 Initialize 中我们增加了以下内容。

```
mSignalVis.Send(
  CfgID::WindowTitle, "Low Pass" );
mSignalVis.Send(
  CfgID::GraphType, CfgID::Polyline );
mSignalVis.Send(
  CfgID::NumSamples,
  2 * Parameter( "SamplingRate" ) );
```

最后,为定期更新显示,我们增加下列代码至 Process 函数。

```
if( Parameter( "VisualizeLowPass" ) = = 1 )
    mSignalVis.Send( output );
```

另外,我们还需发送数据给已存在的任务的记录窗口,增加另一个成员:

```
GenericVisualization mTaskLogVis;
```

将其初始化:

```
LPFilter::LPFilter()
: ...
    mTaskLogVis( SourceID::TaskLog )
{
    ...
}
```

在 Process 内部编写以下代码。

```
if( output( 0, 0 ) > 10 )
{
    mTaskLogVis < < "LPFilter: (0,0) entry of"
                < < " output exceeds 10 and is "
                < < output( 0, 0 )
                < < endl;
}
```

7.4　编写自定义的 Matlab 滤波器

7.4.1　在线算法验证

在 BCI 信号处理研究领域中,经常采用新的算法,并用已存在的数据对算法进行测试。即使新方法可以明显地提高性能,但也必须要记住及时反馈大脑信号分类是 BCI 的极为重要的参数。因此,新的 BCI 信号处理方法应该在线检查它的适应性和可用性,确保得到的反馈是实时的。

新算法通常先进行离线测试。BCI2000 提供了一种机制可以方便地将离线分析方法转换到在线系统中。BCI2000 提供了一个便捷的程序接口来实现这一转变。另外,信号处理算法也可以通过 Matlab 脚本实现。将离线信号处理算法转化为在线并非那么容易。即使 BCI2000 将尽可能简便地实现这个转化,但要处理大量数据仍需要以下步骤。

- 数据缓冲:我们往往将数据存在一个缓冲区中,而不是边采集边读取。
- 保持处理程序脚本的后续调用状态一致(当使用 Matlab 接口)。

7.4.2 Matlab 算法示例

在下面示例中,我们采用一个简单、直接的 BCI 信号处理算法来处理 Mu 节律信号。这个例子展示了修改算法的必要步骤以使其能应用于 BCI2000 在线系统。

在这个例子中,信号处理包括 IIR 带宽滤波、封装运算、线性分类。典型的 Matlab 实现算法包括 10 行:

```
function class_result = classify( data, band, classifier );


% Use as
%    class_result = classify( data, band, classifier )
%
% This function takes raw data as a [channels x samples]
% vector in the 'data' input variable.
%
% Then, it computes bandpower features for the band specified
% in the 'band' input variable, which is a number between 0
% and 0.5, specifying center frequency in terms of the
% sampling rate.
%
% As a last step, it applies the 'classifier' matrix to the
% features in order to obtain a single classification result
% for each sample. The 'classifier' vector specifies a
% classification weight for each processed channel.
%
% The result is a single classification result for each
```

```
% sample.
%
% This requires the Matlab signal processing toolbox.
% Design bandpass filters and apply them to the data matrix.
% The filtered data will contain bandpass filtered data as
% channels.
[n, Wn] = buttord(band * [0.9 1.1]/2, band * [0.7 1.4]/2,1,60);
[b, a] = butter(n, Wn);
processed_data = filter(b, a, data);

% For demodulation, rectify and apply a low pass.
[b, a] = butter(1, band/4);
processed_data = filter(b, a, abs(processed_data));

% Finally, apply the linear classifier.
class_result = processed_data * classifier;
```

可以注意到,为实现在线环境,算法处理信号时,采用因果方式,也就是,处理当前样本信号不可以使用未来的样本(一定量的非因果数据可以通过将缓冲数据进行窗口处理得到,但是会增加输入和输出信号之间的时延)。

另外,Matlab 的 classify( ) 函数忽略空间滤波,可通过空间滤波矩阵对数据进行预处理。

7.4.3　将 Matlab 代码转换为 BCI2000 事件

BCI2000 可使用 MatlabSignalProcessing 模块执行 Matlab 代码,这要求我们的 Matlab 代码的形式符合 BCI2000 滤波器接口。在这个基于事件的模块中,与之前章节描述的 C＋＋类似,部分代码在特定时刻被调用来配置滤波器内部状态,并对通过 BCI2000 滤波器链的大量数据进行处理。

7.4.3.1　处理

滤波器接口中最重要的就是"Process"事件。"Process"事件句柄接收输入信号、依次调用信号处理链中的每个算法对信号进行处理、将处理后的结果返回给信号输出变量。每块数据都单独调用 Process 句柄,不能将数据整体处理。数据块的大小由用户根据需要设置。这意味着"Process"可以不依赖于数据块具体大小,并且如果需要处理加窗数据而不是连续数据时,还需要有自己的数据缓冲区。在这个例子中,却并非如此,因此不需要维护内部数据缓冲区。但仍然需要维护

"Process"句柄的内部状态来保存 IIR 滤波器延时的状态。这样将允许对信号进行连续操作,得到与离线算法信号处理一样的结果。

在线版本的算法如脚本 bci_Process 所示:

```matlab
function out_signal = bci_Process( in_signal )

% Process a single block of data by applying a filter to
% in_signal, and return the result in out_signal.
% Signal dimensions are ( channels x samples ).

% We use global variables to store classifier,
% filter coefficients and filter state.
global a b z lpa lpb lpz classifier;

[out_signal, z] = filter( b, a, in_signal, z );
out_signal = abs( out_signal );
[out_signal, lpz] = filter( lpb, lpa, out_signal, lpz );
out_signal = out_signal * classifier;
```

7.4.3.2　初始化

在运行前初始化要定义滤波器系数,如 Initialize 事件句柄所示:

```matlab
function bci_Initialize( in_signal_dims, out_signal_dims )

% Perform configuration for the bci_Process script.

% Parameters and states are global variables.
global bci_Parameters bci_States;

% We use global variables to store classifier vector,
% filter coefficients and filter state.
global a b z lpa lpb lpz classifier;

% Configure the Bandpass filter
band = str2double( bci_Parameters.Passband ) /...
          str2double( bci_Parameters.SamplingRate );
[n, Wn] = buttord(band*[0.9 1.1]/2, band*[0.7 1.4]/2,1,60);
[b, a] = butter(n, Wn);
z = zeros(max(length(a), length(b)) -1, in_signal_dims(1));
```

```
% Configure the lowpass filter
[lpb, lpa] = butter(1, band/4);
lpz = zeros(max(length(lpa), length(lpb)) -1, ...
        in_signal_dims(1));

% Configure the Classifier vector
classifier = str2double( bci_Parameters.ClassVector );
```

7.4.3.3 开始运行

另外,我们需要在每次运行前设置滤波器状态,使用"StartRun"事件句柄实现:

```
function bci_StartRun

% Reset filter state at the beginning of a run.

global z lpz;
z = zeros(size(z));
lpz = zeros(size(lpz));
```

7.4.3.4 构造函数

为完成 Matlab 滤波器代码,需要在"Constructor"事件句柄代码中声明"Band"和"Classifier"参数。

```
function [ parameters, states ] = bci_Construct

% Request BCI2000 parameters by returning parameter definition
% lines as demonstrated below.

parameters = { ...
    [ 'BPClassifier float Passband = 10 10 0 % % ' ...
        '//Bandpass frequency in Hz' ] ...
    [ 'BPClassifier matrix ClassVector = 1 1 1 0 % % ' ...
        ' //Linear classifier vector' ] ...
};
```

7.4.3.5 预检

最后,我们需要在"Prefilght"脚本中检查参数是否一致,声明滤波器输出信号的大小：

```
function [ out_signal_dim ] = bci_Preflight( in_signal_dim )

% Check whether parameters are accessible, and whether
% parameters have values that allow for safe processing by the
% bci_Process function.
% Also, report output signal dimensions in the
% 'out_signal_dim' argument.

% Parameters and states are global variables.
global bci_Parameters bci_States;

band = str2double( bci_Parameters.Passband ) ...
            /str2double( bci_Parameters.SamplingRate );
if( band <= 0 )
    error( 'The Passband parameter must be greater zero' );
elseif( band > 0.5 /1.4 )
    error( [ 'The Passband parameter conflicts with the ' ...
        'sampling rate' ] );
end

out_signal_dim = [ 1, size( in_signal_dim, 2 ) ];
if ( in_signal_dim( 1 ) ~= ...
        size( bci_Parameters.ClassVector, 2))
    error( [ 'ClassVector length must match the input' ...
        'signal' 's number of channels' ] );
end
```

可以在 10.7.5 节找到更多的关于 Matlab 支持的信息。

BCI+GUIDE+集成

第8章 练 习

前面的章节从不同方面描述了 BCI2000 系统,并给出了利用两种不同类型脑电信号进行 BCI 实验的使用教程。本章包含了与系统各个部分使用相关的大量练习,练习操作时应按照给定的次序进行。

第3章和第10章分别给出了系统概览及 BCI2000 系统最重要组成部分的详细描述。本章提供的练习将涉及在实验中系统各部分关键参数的实际设置。练习将模拟 BCI 系统的配置来实现光标任务。因此,所有随后的练习都使用 Cursor_Task_SignalGenerator. bat 批处理文件。我们建议开始时使用 Task_SignalGenerator. prm 参数文件并且随要求去适当地改变它。当参数文件被改变时,最好将其保存为另一个新命名的参数文件。

首先,使用上面列出的批处理和参数文件启动 BCI2000。你会发现可以通过鼠标来控制显示器上的光标。以下各节中的练习将重新配置一些系统的组件。只有当所有配置完成后,光标才会重新受鼠标控制。

8.1 源模块

我们从与信号采集有关的练习开始。因此,需要在 BCI2000 配置对话框的 Source 选项卡里改变相关参数。

Q：假设使用采样率为512Hz的数据采集设备（DAQ）采集8个通道的EEG信号（C3，Cz，C4，Cp3，Cpz，Cp4，Fpz，Oz）。整个系统（即包括光标的运动）应该每秒更新32次。DAQ提供了以微伏（μV）为单位的浮点信号。哪些BCI2000参数需要改变，为什么？

A：首先需要依次设置SamplingRate参数为512和SourceCh参数为8。在ChannelNames参数中依次输入所有使用通道的名称（以空格键分隔）。这样，当BCI2000在处理信号时，我们可以凭名称来确定具体通道。因为DAQ装置提供了微伏级浮点信号，需要分别设置SignalType为float32和SourceChGain为一系列1（输入信号与微伏单位间的转换因子为1）。由于有8个通道，SourceChGain需要输入8个1并且SourceChOffset为8个0（如果需要更为精确地测量，则可能需要使用外部程序来确定每个通道的偏移量和增益，然后使用从该程序中得到的特定值来配置上述两个参数）。因为希望每秒更新系统32次，需要设置SampleBlockSize为16（即512Hz的采样频率除以每秒32次的更新等于每更新一次得到16个采样信号）。

这时候，可以单击 *Set Config*，然后单击 *start*，会发现一个标有Source Signal的模拟EEG的信号窗口。这个模拟的脑电信号源包含噪声和振幅反应鼠标移动的正弦波。请注意，该通道标签对应于定义的通道，可以看到模拟脑电信号及光标移动的更新非常流畅。还要注意，在Timing窗口中，两条最底部的线（即Roundtrip时间线和Stimulus时间线）到最上部的轨迹线（即Block时间线）之间有相当大的空间。这意味着在一个数据块采样时间内有充裕的时间完成数据的处理和显示。本实验中一个数据块采样时间大约为 $31.25\,\mathrm{ms}\left(\dfrac{16(\,=\mathrm{SampleBlockSize})}{512\mathrm{Hz}}\times1{,}000\right.$

$\left.\dfrac{\mathrm{ms}}{\mathrm{s}}\right)$。作为测试，现在可以设置SampleBlockSize为128，并且重新配置和启动。会

发现数据的显示和光标移动非常不平滑（由于每秒更新的频率只有 $4\mathrm{Hz}\left(\dfrac{512}{128}\right)$）。

但是在新的配置下，Timing窗口中显示的Roundtrip时间和Stimulus时间与Block时间的差距更大。换句话说，在BCI2000的特定配置中，可以通过Timing窗口简单的判断目前计算机的计算负荷情况。这个取决于计算机性能（特别是，CPU速度、处理器个数、显卡的性能）和BCI2000配置的复杂程度（即块大小、采样频率、通道数、信号处理和显示要求）。一个常见的情况是，在高采样频率下，数据显示会消耗过多的计算机处理资源。因此，如果Roundtrip和Stimulus时间线接近甚至超过了Block时间线，需要增加Visualization标签页中的VisualSouve Decimation参数值。将SampleBlockSize调回到16。

Q：在本练习中，我们将使用鼠标来调制 C3 和 C4 通道的脑电信号在频率 18Hz 时的幅值。以模拟真实受试对象在运动想象时脑电信号的变化。在本 BCI 系统中，我们将利用上述的一个或两个信号来控制光标的运动。哪些 BCI2000 的参数需要改变，为什么？

A：如上所说，我们想模拟 C3 通道和 C4 通道在 18Hz 时的正弦波。因此，分别设置 SineChannelX 为 1，设置 SineChannelY 为 3 和 SineFrequency 为 18。同样需要确定 ModulateAmplitude 已选中。配置完成后重新启动，请注意，通道 1（C3）和 3（C4）的正弦波分别反映了竖直和水平方向的鼠标运动。

8.2　信号处理模块

接下来，我们将实时提取前面获取的模拟信号中的 C3，C4 两个通道在 18Hz 时的信号波形幅值特征，并用以控制光标运动。所以，至少得完成信号处理的四个步骤，就是 Spatial Filter、AR Filter、Linear Classifier 和 Normalizer。下面的练习讲解了其中的三个步骤。

Q：在基于 EEG 的 BCI 系统中，空间滤波器的使用可以明显改善其特征提取的结果[3]。因此，尽管在本模拟练习中并不需要，但我们仍将采用一个公共平均参考（CAR）滤波器。该滤波器把选定通道的测量值减去其他所有通道的平均值，产生一个输出值①。在本例中，即将 C3，C4 通道的信号值减去其他所有信号的平均值，得到两个新的输出值。这可以用 SpatialFilter 完成，哪些配置必须改变？

A：有两处需要改变。第一必须确何 8 个通道的信号都被输入到数据处理模块中。默认情况下，并不是所有通道数据都被输入到数据处理模块中以减少数据处理量。哪些通道被输入是通过 Source 选项卡上的 TransmitChList 参数决定的。参数需要被设置成 1,2,3,4,5,6,7,8。

第二需要实现一个满足要求的空间滤波器。如上所述，我们想将 C3 和 C4 减去其他通道的平均值得到 C3f 和 C4f。因此，可以写成：

$$C3f = C3 - (Cz + C4 + Cp3 + Cpz + Cp4 + Fpz + Oz)/7,$$
$$C4f = C4 - (C3 + Cz + Cp3 + Cpz + Cp4 + Fpz + Oz)/7,$$

设 $1/7 = 0.14$，并按照设定的通道顺序重排滤波器表达式，给出如下滤波器：

---

① 一些科学家在计算公共平均参考信号滤波器时减去所有通道的均值。这两个版本的公共平均参考滤波器到底哪一个更好尚不得而知。

C3f = 1 * C3 – 0. 14 * Cz – 0. 14 * C4 – 0. 14 * Cp3 – 0. 14 * Cpz – 0. 14 * Cp4 –
0. 14 * Fpz – 0. 14 * Oz,

C4f = – 0. 14 * C3 – 0. 14 * Cz + 1 * C4 – 0. 14 * Cp3 – 0. 14 * Cpz – 0. 14 * Cp4
– 0. 14 * Fpz – 0. 14 * Oz,

换句话说,空间滤波器矩阵显示如图 8.1。输入为 8 个通道的信号值,输出两个信号,分别为 C3f 和 C4f。在后面的处理中我们将只使用经过空间滤波而得到的 C3f 和 C4f 两个信号值。SpatialFilter 矩阵的列数应与 TransmitChList 参数指定的传输通道数一致。

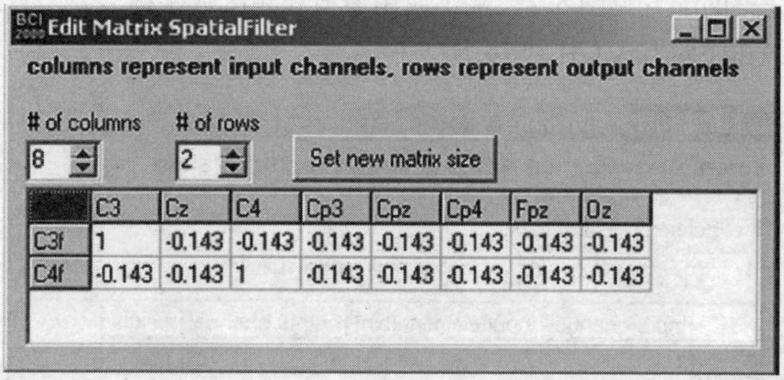

Edit Matrix SpatialFilter

columns represent input channels, rows represent output channels

# of columns: 8   # of rows: 2   Set new matrix size

	C3	Cz	C4	Cp3	Cpz	Cp4	Fpz	Oz
C3f	1	-0.143	-0.143	-0.143	-0.143	-0.143	-0.143	-0.143
C4f	-0.143	-0.143	1	-0.143	-0.143	-0.143	-0.143	-0.143

图 8.1 本例中的空间滤波器矩阵

Q: 信号经过空间滤波后,我们需要将其转为频域表示,即计算频谱。一旦得到频谱,就可以提取信号中所包含的频率为 18Hz 的子信号。与其他地方所述的原因相同[2],在 BCI2000 中最常用的频谱估计算法是最大熵方法(Maximum Entropy Method,MEM),而不是快速傅里叶变换(FFT)。对应于 MEM 方法的参数位于 Filtering 选项卡中的 ARFilter 部分。那么哪些参数需要改变,原因又是什么呢?

A: 没有参数需要调整。在给定的参数文件设置中,设定计算信号 0 ~ 30Hz 间的频谱,且每个频区宽设为 3Hz。考虑到准确性和组延迟之间的关系,频谱是根据前 0.5s 的数据计算得到的。模型阶数选定为 16。对于 EEG,较好的值是 16 ~ 20,而对于 ECoG,较好的值则是 20 ~ 30。不管哪种情况,ARFilter 滤波器的输出都为 C3f 和 C4f 的频谱。每个频谱包含 11 个频区,对应的频率分别为:0,3Hz,6Hz,9Hz,12Hz,15Hz,18Hz,21Hz,24Hz,27Hz 和 30Hz。剩下的就是将频幅特征转化为有用输出,用以控制光标运动。

Q: 下一步是从这些特征(给定位置和频率处的幅值)中选择感兴趣特征的线性组合。本例中,我们所感兴趣的是位于 C3 和 C4 通道处且频率为 18Hz 的信号的幅值。我们也知道,C3 的活动对应于鼠标的水平运动,C4 的活动对应于鼠标的垂直运动。我们希望通过相同的映射来控制鼠标。哪些参数需要设定又该设定?

　　A: 相关参数在 Filtering 选项卡上的 Classfilter 部分,如上所述,感兴趣的信号是位于 C3(即空间滤波通道 1)和 C4(即空间滤波通道 2)且频率为 18 Hz(即所计算的频谱里的第 7 个频区)的信号波。因此,希望把通道 1,第 7 个频区,和控制信号/输出通道 1 联系起来(用于控制 CursorTask 的水平运动速度),同样也希望把通道 2,第 7 个频区与控制信号/输出通道 2 联系起来(用于控制 CursorTask 的垂直运动速度)。完整的配置见图 8.2。除了使用通道和频区数字标号,还可以输入通道的名字和频率值(即 C3f/C4f 和 18 Hz)。

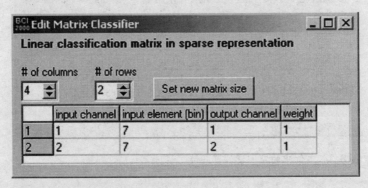

图 8.2　本例中使用的分类器参数

　　这是一个简单的分类器,仅仅使用了两个特征。也可以设计(可以使用离线自动程序)和使用更加复杂的分类器。这时,将有可能使用特征的线性组合,而不是像该例中只使用一个特征。因此,得到的控制信号/输出通道的值是相应特征值乘以各自权值(在最右边的行上定义)后的线性组合。

　　现在是一个保存参数文件的好时机。系统配置完成并启动后,应将鼠标放置于出现的目标上。经过一段时间后,系统开始恰当地响应鼠标的移动。这是因为系统自动做了相应调整以适应分类器的输出控制信号。系统的自适应功能将在下面讨论。

　　Q: 改变第一和第二个控制信号的权值。为此,在 Filtering 选项卡的 Classifier 参数中,将第一行和第二行的最后一列分别设为 5 和 2。应用配置并启动,会发生什么,为什么呢?

　　A: 在开始的几轮实验中,光标自动地移动到了窗口右边的顶部,这是因为我们设置的第 1、第 2 控制信号(分别控制光标的水平和垂直运动)的权值分别是 5

和 2。因此,信号处理模块的输出分别将水平运动信号和垂直运行信号放大了 5 倍和 2 倍。下面将讨论 BCI2000 根据这个信号的变化进行自动调整。

Q:在 BCI 操作中遇到的一个很大的问题是,控制信号的动态特性(例如,它们的最小值、最大值、平均值或标准差)最初是未知的且会随时间而改变。这就提出了在线操作中的一个问题,如何适当地利用这些信号来完成特定功能,如控制一个光标。例如,大脑信号的幅度在第一天可能会在 10～100 之间变化,而第二天可能在 100～300 之间变化。因此,为了有效地利用这些控制信号,必须将它们归一化。例如,它们应该具有零均值和单位方差。在我们预先不是很了解这些信号的情况下,怎么能做到这一点呢?

A:解决这个问题的一个实际和有效的方法是从在线得到的控制信号 c 中估计控制信号的平均值 o、标准差 s,然后利用这些估计值将每一个控制信号规一化。例如,使用下面的方程:$c' = (c - o)/s$。在 BCI2000 中,值 o(偏移)和 $g := 1/s$(增益)分别由参数 NormalizerOffsets 和 NormalizerGains 指定。在 BCI 系统中的归一化程序(Normalizer)中,通过分类器得到的控制信号减去 NormalizerOffsets 参数中的相应值,然后乘上 NormalizerGains 参数中的相应值,最后得到所需的归一化结果。

Q:您能想出几种不同的方法从实时采集的数据中估算这些偏移量和增益参数的数值?对于以下两个方案会选择哪个?方案 1,对预期的任务有一些了解,例如,您可能知道,在屏幕上有四个目标(就像是这些练习中使用的光标的案例),并且还知道光标应该运动到哪个目标。方案 2,您对任务一点也不了解,例如,像在一个假想的轮椅中的应用,用户可以走向任何目标。

A:在方案 1 中,我们可以简单地为每个目标分别估计控制信号的动态特性,例如,为左右目标计算平均值和方差,将这两个目标的相应值进行平均来确定水平的控制信号的偏移(平均)和增益(1/标准差)。类似方法应用于顶部和顶部目标,可以计算出垂直控制信号的偏移量和增益。了解正确的任务分类(即目标),有助于我们相当快地得到一个好的估计偏移和增益,而且即使目标出现频率不相同(例如,左边目标以 2 倍于右边目标的频率出现),也可以得到正确的结果。缺点是实际应用中(例如,方案 2),我们不会知道在任何给定时间点什么是所需的目标。我们只能通过所有控制信号值来估计控制信号参数,即假设一定时间内控制信号平均值为 0。这意味着将需要使用更长的时间来完成参数的估计(我们可能会碰巧连着 5 次向左移动),而且,我们无法做出一个合适的调整,如果其中一个方向总是比别的方向被选择的次数多。BCI2000 中的调整实际上可以包含这两种情形。详细描述请参见 10.6.6 节。

Q:如果使用标准的 CursorTask_SignalGenerator.bat 批处理文件和 CursorTask_

SignalGenerator. prm 参数文件,可以用鼠标控制这个光标。此功能在本节前面用于展示在 BCI2000 中信号处理的不方面。如果用鼠标控制光标,会发现当鼠标移动和到光标开始移动两者之间是有延迟的。什么引起这个延迟呢(提示:这个延迟不是由于数据处理或屏幕更新慢)?

　　A:在这种配置情况下,鼠标运动调整的是频率为 10Hz 左右的正弦波幅值,对调整后的信号进行处理并通过频谱分析提取信号特征。任何频谱分析必须有一个特定的时间窗口,在 AR 信号处理滤波器中是由 WindowLength 参数设定的。默认情况下,此窗口长度设置为 500ms。换言之,一个特定的运动不会立即影响输出,而且对输出的最大效应将出现在 500ms 后(假设该运动持续了整个 500ms)。因此,这种延迟本质上是由信号(10Hz 振荡)和提取信号特征的过程引起的。重要的是要知道,在一般机器上,这类延迟比由于信号处理或信号反馈及屏幕更新而导致的延迟更为严重。

参 考 文 献

[1] Marple S L. Digital Spectral Analysis: With Applications. Englewood Cliffs: Prentice – Hall, 1987.

[2] McFarland D J, Lefkowicz T, Wolpaw J R. Design and operation of an EEG – based braincomputer interface (BCI) with digital signal processing technology. Behav. Res. Methods Instrum. Comput. , 1997, 29: 337 – 345.

[3] McFarland D J, McCane L M, David S V, et al. Spatial filter selection for EEGbased communication. Electro-encephalogr. Clin. Neurophysiol. ,1997, 103(3): 386 – 394.

Timing Issues
Startup
Feedback
Replaying Recorded Data
Random Sequences
Visual Stimulation

BCI+GUIDE+集成

第9章　常见问题

9.1　时序问题

Q：源信号模块显示中的信号轨迹或应用模块显示中的反馈光标不是以恒定速度更新，而是跳跃式显示。

A：在时序显示窗口里（如没有显示，则通过 Visualize 选项开启），查看数据块采集时间（顶部曲线）是否一直在左侧标记指示的水平，如否，尝试以下方法：

- 提高 Visualize 选项卡中的 Source Decimation 的参数值来降低处理器与源信号显示相关的负载。
- 提高 SampleBlockSize 的参数值来降低系统的更新速度。

9.2　启动

Q：当单击 Set Config，对于每一个模块都得到错误消息，如：EEGSource：Could not make a connection to the SignalProcessing Module and Application：SignalProcessing dropped connection unexpectedly。

A：这可能是由网络连接中的 Microsoft TV/Video Connection 问题所引起的，如果有这个问题，可以通过下面方法修正：

（1）右键单击 My Network Place。

（2）选择 Properties。

（3）右键单击 Microsoft TV/Video Connection。

（4）选择 Properties。

（5）取消选择 Internet Protocol。

（6）单击 OK。

Q：当开始运行 gUSBamp 源模块时，得到了报告错误的信息：Cannot find ordinal 37 in dynamic library gUSBamp. dll。

A：最可能的是，gUSBamp 源发现了不相容版本的 gUSBamp. dll 驱动程序。必须确保在存放 gUSBampSource. exe 的目录（例如，通常在 prog 目录）里，或在 \windows\system32 目录里，有一个与所使用的 gUSBamp 设备版本相匹配的 gUSBamp. dll 驱动程序。

Q：BCI2000 gUSBamp 源模块不能识别 g. USBamp 放大器。当单击 Set Config，得到了一个报告错误的信息：gUSBampADC：:Preflight：Could not detect any amplifier. Make sure there is a single gUSBamp amplifier connected to your system，and switched on。

A：确保放大器连接并且打开运行，它与 g. tec 的演示程序一起工作。

9.3 反馈

Q：一个对象第一次使用光标反馈协议进行实验，在第一次运行期间，开始一段时间里，光标会自动移动到屏幕顶部并不响应用户的输入。

A：这只是 BCI2000 自适应调节机制的一个副作用，并不是系统缺陷。因为自适应机制没有受过训练，它所使用的都是偏移量和增益的初始值。对于每个对象，需要进行一些实验以使 BCI2000 来适应这个对象的信号。

因此，在每次实验后，您通常会保存一个对象的适应参数，并用这个参数作为下一次实验的起始点。另外，还可以直接加载一个对象以前实验的数据文件中的参数，而不需要通过参数加载对话框来加载独立的参数文件。

9.4 回放记录的数据

Q：想用记录的数据文件作为输入，而不是用大脑信号控制 BCI2000，在 BCI2000 里有这种"回放模式"吗？

A：虽然这很容易做到,例如,可以通过写一个读文件的源程序模块来实现。但我们并没有这样做,至少有以下两个方面的原因:

第一,如果现在正在使用的 BCI2000 版本和原来用来记录数据的版本不一样,或者您改变了一些系统参数,在一些实验模式中,结果可能是不确定的。例如,在一个二维光标移动任务中,如果放慢光标移动速度,使得当按照时间在原数据文件中光标已经到达目标时(在实验小节(trial)结束),实际光标则因为速度放慢而仍未到达,这样将会出现什么结果呢?

第二,从科学上来讲,通过加载已有的实验数据并改变一些参数来仿真系统在线表现,并据此观察系统工作情况并不是一个好办法。如果要对不同信号处理算法进行比较,而需要自己写离线统计分析程序并分析综合数据集,否则就需要进行全面的在线研究。

当然,系统代码中并没有禁止写这样的模块,但是要注意上面所说的两方面原因。

9.5　随机序列

Q：是否有办法在每次运行 BCI2000 的时候都得到相同的随机序列?这个序列本身并不重要,但每次它应该是相同的。

A：SignalGenerator 程序模块有一个 RandomSeed 参数,这个参数决定了伪随机数生成器的种子值。如果这个参数为零,生成器将会根据系统计时器进行初始化。

尽管其他模块默认不提供这个参数,但如果存在,这个模块在使用 BCI2000 伪随机数生成器时,将使用这个参数的设定值。为了在没有提供 RandomSeed 参数的模块中引入这个参数,在启动 BCI2000 过程中,启动这个模块时在命令行中添加 − − RandomSeed = 10。需要注意的是,这个参数将会以相同的值出现在各个模块中(这里以 10 为例),并且它会出现在操作模块参数对话框的 System 选项卡中。

9.6　视觉刺激

Q：视觉刺激和屏幕刷新(垂直的空白区域)是同步的吗?

A：BCI2000 使用不同步的视频输出与刷新周期来避免其自身时序被干扰。我们通过进行综合评价已经得到证实,在高刷新率的 CRT 显示器(如大于 100Hz)和配备适当的计算机电源的情况下,BCI2000 系统里的延迟(即从数据采集到刺激呈现)小于 10ms 且波动更小。这个时差能支持大部分 BCI 实验。更多关于

BCI2000 时序的信息请参考文献[1]。

如果觉得输出应同步，并且已获得了 BCI2000 源代码，那么在任务滤波器 Up-dateWindow()函数调用之前添加一个 DirectDraw WaitForVerticalBlank()函数调用应该会有帮助。

Q：程序只允许刺激呈现为一个随机的顺序，或一个确定的序列。在我的实验范例中，我想呈现随机刺激，但是这些刺激散布在一个特定静止的刺激周围，BCI2000 支持吗？

A：BCI2000 可以呈现任何次序的刺激。对于上面的例子，刺激物 1 可以是静止的，刺激 2~9 将是任意分布的，形成的就是一个有效的次序：1 3 1 2 1 9 1 8 1 5 1 6。这样一个序列可以用外部程序得到，然后 BCI2000 可以用这个特定的序列进行配置。确切地说，它可以用类似于下面的 Matlab 程序实现。

```
num_values = 9;
r = round(rand(1, num_values) * num_values +1);
fP = fopen(' fragment.prm', 'wb');
fprintf(fp, 'Application:Sequencing intlist' ...
            'Sequence = % d', num_values * 2);
for i = 1:num_values
  fprintf(fp, '1 % d', r(i));
end
fprintf(fp, '1 1 % %  //test parameter \r \n');
fclose(fp);
```

执行这个 Matlab 程序，会产生一个参数文件片断 fragment. prm。当把它加载到一个完整的参数文件上时，将会产生一个随机序列。这个过程可以完全由 BCI2000 批处理文件、脚本处理和命令行参数(见6.2节)自动操作完成。这样，单击一个图标首先运行这个 Matlab 程序，然后执行 BCI2000，加载完整参数文件，加载这个 Matlab 程序产生的参数文件片段(包含随机序列的)，设置配置，然后开始操作。

Q：我想要用操纵杆或者鼠标在 BCI2000 中去控制光标，例如，完成一个标准的从中心向外移动的示例。我该怎么做呢？

A：这种情况很常见，有各种不同的方法去实现某一特定的目标。本例中可以通过修改光标任务的源代码来改变其控制方式，如通过操纵杆来控制。然而，BCI2000 支持一种更加简洁和有力的解决方案。该方案基于 10.7.4 节描述的 Expression Filter。在光标任务中，光标的运动由信号处理模块产生的第一和第二控制信号来控制。通常，控制信号是大脑信号经过线性分类器分类得到的(参见5.2.4.2 节或10.6 节)。这些产生的控制信号经过表达式滤波器，在表达式滤波器中,控制信号会被一个代数表达式所修改。代数表达式可以获取 BCI2000 的状态变量值,在启动源程序模块时使用－－LogJoystick ＝ 1 命令行选项,操纵杆选项可以容易地在系统状态中注册。因此,首先,记录操作杆位置需要开启使用命令行选项。其次,表达式滤波器需要通过配置来简单更换代表操作杆位置状态的第一和第二控制信号。这些可以通过设置下面 2 ×1 矩阵参数 Expressions 来实现。

JoystickXpos

JoystickYpos

通过修改上面的简单表达式,这也将易于使用分类的脑信号和状态的组合来驱动输出,如光标任务。可以在 10.7.4 节找到更多关于表达式滤波器的信息。

参 考 文 献

[1] Wilson J A, Mellinger J, Schalk G, et al. A procedure for measuring latencies in brain － computer interfaces. IEEE Trans. Biomed. Eng. , (in press).

BCI+GUIDE+集成

Operator
Filter Chain
Data Acquisition Filters
Logging Input Filters
Signal Source Modules
Signal Processing Filters
Additional Signal Processing Filters
Application Modules
Tools
Localization
P300 Classifier

第 10 章　核心模块

10.1　操作模块

操作模块也就是 BCI 用户界面,实验者能够通过该界面查看和修改系统参数、保存和加载参数文件、启动和停止系统运行。

10.1.1　BCI 2000 启动

除了操作模块,运行中的 BCI2000 系统还包括另外三个核心模块,这些核心模块必须与操作模块一起启动。它们实现了数据采集、信号处理和应用。可以用两种方法启动这些核心模块:

(1)使用 BCI2000/batch 文件夹中的批处理脚本——选择一个可用的脚本,或根据需要修改一个。脚本文件提供一种简单的方法,使用命令行选项来定制 BCI2000 行为,这在 6.3.1 节中已经描述。

(2)使用 BCI2000 Launcher。此工具提供了图形用户接口模块选择,并允许在启动时自动加载参数文件。

10.1.2　主窗口

主窗口如图 10.1 所示,其中包含了四个大按钮,对应于实验中相应的任务:

- Config：打开配置窗口；
- Set Config：应用当前参数集；
- Start：开始系统的运行；
- Quit：实验完成，退出系统。

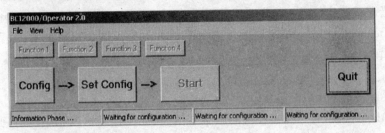

图 10.1 操作模块的主窗口

并非所有的按钮一直处于激活状态，这取决于系统的运行状态。窗口顶部包括四个功能按钮（标有功能 1～4），可用以执行操作脚本。脚本和按钮标题可以通过对话框自由配置。在主窗口的底部是状态栏，包含四个栏。系统状态在屏幕左边栏，模块状态在最右边三个栏，按照核心模块的自然顺序（即数据采集、信号处理和应用）排列。

10.1.2.1 菜单

操作模块的主窗口包含三个菜单：File、View 和 Help。

文件菜单：File 菜单包含以下选项。

- Preferences：打开首选项对话框（图 10.2）。

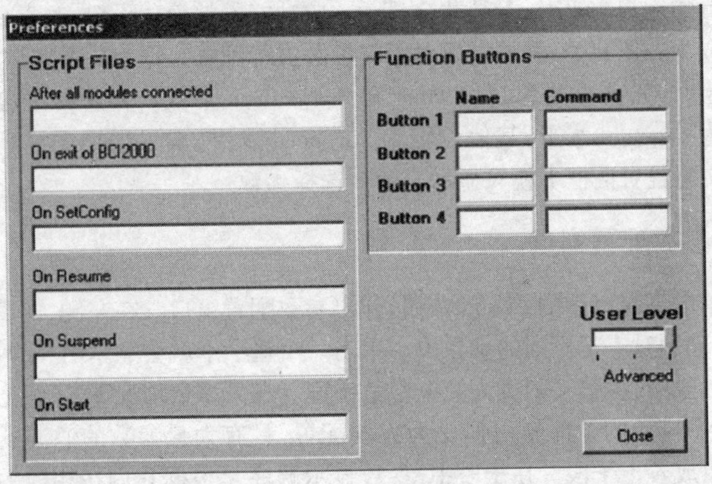

图 10.2 首选项对话框

- Exit:终止 BCI2000。这个菜单项是始终可用的,即使 Quit 按钮未启用。

　　视图菜单:包含以下选项。

- States:显示一个窗口,列出了目前可用的系统状态变量。
- Operator Log:锁定日志窗口是否可见。出现错误或警告时,日志窗口会自动打开错误或警告信息。可以手动打开此窗口来查看错误信息和调试信息。
- Connection Info:锁定连接信息窗口是否可见。这个窗口显示的信息是有关操作员和核心模块的连接是否建立、网络地址以及内部通信已传输的消息信息。

　　帮助菜单:Help 菜单包含以下项。

- About:显示有关操作模块的版本号信息、代码建立修改和编译时间等。此信息还保存在系统标签 Operator Version 参数中,并连同所有系统参数一并写入数据文件中。
- Help:打开网页浏览器窗口显示 BCI2000 帮助系统。

10. 1. 2. 2　首选项对话框

在左侧,首选项对话框可以将操作脚本与事件关联;在右上角,通过操作脚本命令,可以配置主窗口的功能按钮。具体细节请参阅 6. 3. 1 节。脚本也可以在启动时由命令行指定。

在右下角,可以指定全局参数用户级别 User Level 为 beginner,intermediate 或 advanced。当用户级别设置为 advanced 时,参数配置对话框中在每个参数旁边会出现一个滑块控制控件,如图 10. 3 所示。只有当参数所需要的用户水平等于或低于系统设置的用户水平时,参数才会显示。此功能能够简化设置,对于缺乏经验的用户来说或为方便起见,并不需要对所有参数进行配置。作为一个典型的例子,进行模拟实验时,只需更改 SubjectName 和 SubjectRun 参数。将这两个参数的用户水平设置为 beginner 水平,其他设置为 advanced 水平,如果切换全局用户级别为 beginner,在配置对话框中就只显示这两个选择参数。

10. 1. 3　参数配置窗口

通过单击主窗口中的 Config 按钮,弹出参数配置窗口。在左侧,此窗口显示数个选项卡,分别对应于不同的参数段。单击一个选项卡就会显示出相应段的参数。在每个参数段中,参数又归类为几个参数字段。在大多数情况下,子段对应单个滤波器(即每个模块的子部分);但是为方便配置,具有大量参数的滤波器可以选择将它们分组成若干子段。在子段中,参数显示顺序是根据它们在相应的滤波器源代码中所定义的顺序来进行的。

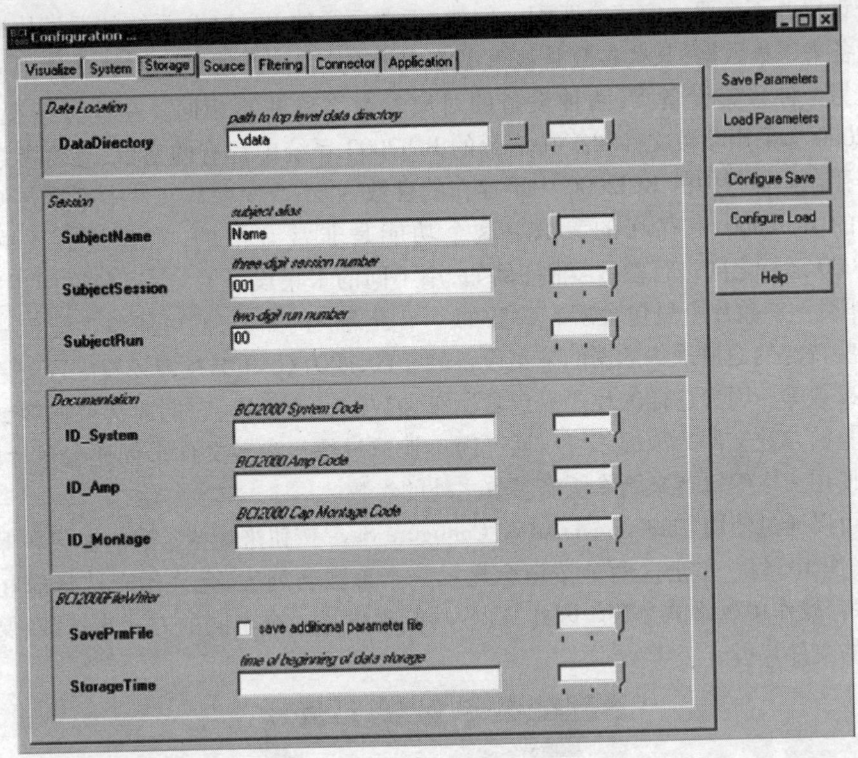

图 10.3 参数配置窗口

　　当一个参数有一个或多个值时,允许用户编辑参数值。对于多个值,输入项由空格隔开。如果要输入空格,则需要用"％20"(不带双引号),而不要直接输入空格。

　　对于某些参数,下拉菜单、复选框或选择按钮显示都是为了更方便地让用户输入参数值。矩阵值参数可以通过面板按钮加载或保存一个 ASCII 格式的矩阵。另外一个编辑按钮 Edit,用于打开矩阵编辑窗口。

　　在右侧,有五个按钮:Save Parameters、Load Parameter、Configure Save、Configure Load 和 Help。为了便于以后使用,可以通过保存参数按钮,将当前设置保存到一个 BCI2000 参数文件(.PRM)中。单击 Load Parameter 按钮会打开一个对话框,可以加载参数文件(.PRM)或数据文件(.dat)。当加载一个参数文件时,Configuration Window 显示该参数文件的所有参数值。当选择一个数据文件时,Configuration Window 显示数据文件中记录的参数设置。可以通过加载数据文件来复制先前有用的特定实验设置。

　　值得注意的是,参数/数据文件中的参数数量和参数名与正在运行的 BCI2000

系统设置并不需要一定完全匹配。例如,正在运行的 BCI2000 系统的源模块通过 X 设备来采集数据(某些参数是该 X 设备特有的)。而所加载的参数文件中使用的是另一种采集设备 Y,两种设备的对应参数名称并不相同。在这种情况下, BCI2000 会采用参数文件和正在运行的 BCI2000 系统中都有的参数,忽略参数文件中存在而运行中的 BCI2000 中不存在的参数,并不改变参数文件中不存在而运行中的 BCI2000 中存在的参数。这个功能是非常有用的,尤其是在不同的 BCI2000 运行之间进行参数复制(例如,用不同的采集设备)。它还允许使用"参数片段"。参数片段只包含所有参数的一个子集。例如,它们可能包含配置一台从一些特定的通道采集数据的采集设备的参数,或为双/单监视器设置配置刺激呈现的参数等。因为这样的片段只包含所有参数的一个子集,它们通常被加载到一个完整的参数文件的顶部。可以通过简单地通过保存参数文件来创建参数片段,然后使用文本编辑器来删除所需参数之外的参数。

可以通过使用 Configure Load 和 Configure Save 按钮来配置参数的加载和保存操作(图 10.4)。单击这两个按钮会显示一个参数名列表,允许用户选择应在加载/保存操作中忽略的参数。因此,这些功能提供了一个不同的方式来加载/保存参数的文件片段。

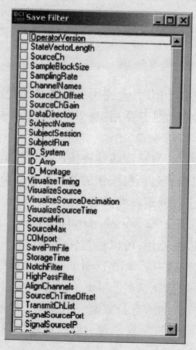

图 10.4 保存(或加载)滤波器

在参数配置窗口中也可以获取每个参数的帮助信息。当单击 Help 按钮时,鼠标光标变为一个问号。然后,单击一个参数名称或编辑栏就可以打开相应的帮助页面。该帮助按钮仅当最新版本的 BCI2000 doc 目录和 prog 目录处于操作员模块所在的文件夹时才可用。

10.1.4 矩阵编辑器窗口

在 BCI2000 中,某些参数的值用矩阵表示,也就是说,参数值通过行和列的结构来组织。此外,矩阵元素也可以为矩阵,多级嵌套的矩阵也是允许的。矩阵编辑器具有如下功能(图 10.5):

- 修改矩阵参数值,通过单击一个矩阵元素进行编辑。

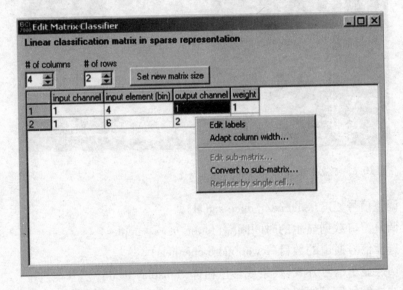

图 10.5 矩阵编辑器窗口

- 更改矩阵的大小,通过改变"行数"或"列数"字段,并单击设置新的矩阵大小按钮。
- 编辑行和列标题(标签),右键单击矩阵,并选择下拉菜单的"编辑标签"切换到标签编辑模式。
- 转换矩阵元素为子阵并返回矩阵元素,使用下拉菜单的"转换为子矩阵"和"矩阵元素替换"选项。
- 打开另一个矩阵编辑器来编辑一个子矩阵的内容,使用下拉菜单中的"编辑子矩阵"选项。

10.1.5　可视化窗口

可视化窗口可以移动和调整大小；BCI2000 在整个实验过程中记住每个窗口的大小和位置。当用鼠标左键单击一个可视化窗口（图 10.6）时，将出现一个弹出菜单，包括以下内容。

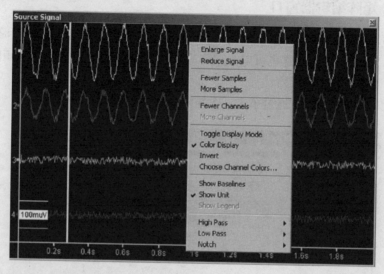

图 10.6　可视化窗口

- 调整信号幅度（enlarge/reduce signal）。
- 调整窗口数据显示的时间间隔（fewer/more samples）。
- 选择信号通道的数目（fewer/more channels）。
- 切换显示信号方式，线条或彩色粗体（"display mode"）。
- 选择信号显示的颜色。
- 设置信号基线及信号单位是否显示。
- 将信号应用高通、低通或陷波滤波器进行滤波，然后显示。

为了方便信号显示，可以使用箭头键和上一页/下一页键在通道间滚动。键盘快捷键见表 10.1。

信号的物理单位显示为一个白色标志框（图 10.7）。在这个图例中，在物理单位标志的上方和下方各有一条白色标志线。这些标志线指示标志框中的值所对应的范围，当标志线消失时，值对应的范围为标志栏本身的高度。

最后，物理单位可能会与附加到白色框的一个白色标记一起显示（图 10.8）。这种显示用于非负信号。在这里，物理单位对应于白色标记与信号基线的距离。

表 10.1　键盘快捷方式

按　　键	意　　义
Up/Down	后退/前进一个通道
Page – Up/Page – Down	后退/前进一个屏显通道
– / +	减小/放大信号
, /.	减少/增加通道
< – / – >	减速/加速时间扫描
Home/End	跳转到第一个/最后的通道屏显示
输入一个数并按回车(或字母"g")	跳转到指定的通道号码

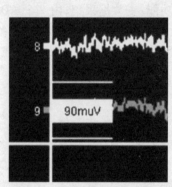

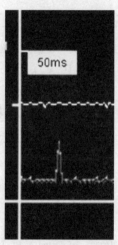

图 10.7　该信号的物理单位显示在一个白色　　图 10.8　一个白色标记附加到该单位的白
　　　　　框内,上下各有横线标记,对应白色　　　　　　　色框
　　　　　框内的值范围

　　从下拉菜单单击 Choose Signal Colors,打开一个颜色对话框。这个对话框有一栏"自定义颜色"。颜色的列表用于定义信号通道中的颜色,并用一个黑色项来终止。信号颜色从这些栏中按照颜色的先后顺序被取用。当信号数多于定义的颜色显示数时,颜色将按该顺序重新被选用一次(或多次)。

10.2　滤波器链

　　CI2000 的每一个核心模块都包含一个由一系列滤波器组成的滤波器链。每个滤波器接受数据作为输入(如原始的大脑信号),产生一个输出(如大脑信号特征)。

每次收到的一个输入,每个滤波器都会产生一个输出。这种输出随后自动提交给后续滤波器处理。这类似于一个水管,与单纯的水流不同,当不破坏水管时,是不可能向水管中添水或取水的。同样地,虽然信号可能会在管道(滤波器链)途中改变形状,但是不可能从滤波器链中插入或删除任何信息。因此,由数据采集模块获取的数据将贯穿于整个 BCI2000 系统,由一序列滤波器来处理。

10.3   数据采集滤波器

包含在源模块中的滤波器,能够进行数据采集和存储,信号调制,并将数据传输到信号处理模块。这些功能是分别由 DataIOFilter、AlignmentFilter 和 TransmissionFilter 实现(图 10.9)。DataIOFilter 实现四项功能:①数据采集,由一个 ADC 滤波器实施;②数据存储,由支持不同数据格式的文件 FileWriter 滤波器来实现;③信号到物理单位的校准;④对采集(脑)信号进行可视化。

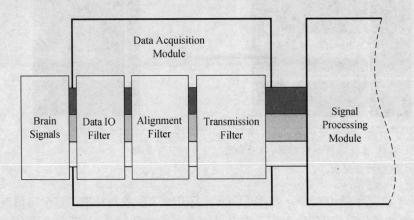

图 10.9 | 源滤波器(即数据采集)模块

10.3.1   数据输入输出滤波器(DataIOFilter)

DataIOFilter 是每一个源模块的一部分,管理数据采集、存储、信号到物理单位的校准(μV)。对于数据采集,由 DataIOFilter 与源模块内的 ADC 组件连接来实现。对于存储实际数据,DataIOFilte 利用源模块中多种 FileWriter 组件之一来实现。

10. 3. 1. 1   参数

一般来说,数据采集参数用来配置 A/D 的硬件。理想情况下,A／D 转换硬件由 ADC 组件配置,因此,硬件配置的变化可以简单地通过改变操作配置对话框中的参数值来实现。如果 A／D 硬件的软件接口不容许某种硬件配置,则必须手动完成实际的 A/D 设置,并且源模块中的数据采集参数必须设置为相同的值。无论所支持的硬件设备如何,下列参数存在于所有 BCI2000 源模块。

ChannelNames:一个与通道相关的文本标签列表。在 EEG 信号记录时,通道名称应按照 10 – 20 电极位置系统(Fz,CPz,CP3,…)进行标记。虽然不是强制性的,但是,为通道指定标签名是在数据文件中记录通道位置的一种有效方式,以便这些信息不需要外部维护(如记在实验室笔记本上)。此外,BCI2000 允许使用标签来指明它们的通道。因此,通道标签更容易避免反馈参数配置错误。

DataDirectory:指向一个现有目录的路径。记录的数据将被存储于该目录。该路径可以是绝对路径或与源模块启动时工作目录相对应的相对路径。通常,在启动时的工作目录是 prog 目录。

ID_System,ID_Amp,ID_Montage:这些参数用于信息归档(即系统信息、放大器以及通道分布模式(montage)),并可包含任意的文本信息。

SampleBlockSize:每个 BCI2000 样本块包含的样本点数。SampleBlockSize 与 SampleRate 的比率给出了每个样本块采集所需的时间长度,并确定反馈的时间分辨率。

SamplingRate:每一通道每秒的采样数。

SourceCh:通道数目,即需要采集和保存的通道数。

SourceChOffset,SourceChGain:从 AD 单位转换为物理单位(μV)时所需的校准信息。原始数据转化为 μV 是根据如下公式:

$$\text{calibrated}_{ch} = (\text{raw}_{ch} - \text{SourceChOffset}_{ch}) \times \text{SourceChGain}_{ch}$$

SourceMin,SourceMax:源信号显示时的最低和最高源信号期望值,单位通常为 μV。允许信号显示倒置,即 SourceMin 可以超过 SourceMax。

SubjectName;受试对象的文本标识,对象名字将出现在实验目录名和数据文件名中。

SubjectSession:当前实验的文本标识。每个实验都对应有一个存储实验数据的目录,目录路径根据如下方式构造:

$$\{\text{DataDirectory}\}/\{\text{SubjectName}\}\{\text{SubjectSession}\}$$

SubjectRun:指示当前运行数。每个运行对应一个数据文件,为了避免数据意外丢失,运行次数从已经使用的最大数值开始自动递增。在一个实验目录,数据文件根据如下方式构造名字：

$$\{SubjectName\}\ S\ \{SubjectSession\}\ R\ \{SubjectRun\}$$

一个数据文件的扩展名取决于输出文件格式（见 6.3.3 节）。

VisualizeTiming：时序信息显示开或关。

VisualizeSource：原始源信号显示开或关。

VisualizeSourceDecimation：源信号显示的整数抽取系数。例如，如果指定为2，就以间隔一个元素方式进行源信号显示。对于高采样率、多通道、快速更新配置，这个选项是非常重要的，可以确保 BCI2000 能够快速处理输入块信号。

VisualizeSourceTime：信号源屏幕显示的时间计时。

10.3.1.2   状态

SourceTime：一个分辨率为 1ms 的 16 位时间标记，并且每 65536ms 折返。一个数据块从 A／D 转换器获取后就立即设置时间标记。

StimulusTime：16 位的时间标记，格式类似于 SourceTime。应用模块一旦更新刺激/反馈显示，该时间标记便被设置。

Recording：记录数据时，该参数设置为 1，否则为 0。在一个数据文件中，这种状态将始终为 1。

Running：1 为正在处理数据时，0 为暂停状态。将该状态从一个滤波器设置为 0，或在 App Connector 接口（6.4 节），将使 BCI2000 暂停运行。

10.3.2   校准（Alignment）滤波器

AlignmentFilter 使各通道数据的时间对齐，这是通过连续时间点之间的线性插值来实现的。

通常，AlignmentFilter 是用于 A／D 转换器通道采样发生之后，而不是发生的同时（如设备只有一个采样—保持环节）。因此，通道之间的时移会占一个采样周期的相当比例。这种时移必须更正，以避免在某些过滤操作中造成不良影响，如空间滤波。

高速度测时和使用过采样来提高信号的信噪比的较新的硬件，通道之间可能没有或只有微不足道的时移。

10.3.2.1   参数

AlignChannels：非零值启用通道校准。

SourceChTimeOffset：大小处于 0 和 1 之间的浮点值列表。每个通道都对应一

个浮点值,这个值给出了相应通道的时间偏移量,以采样时间间隔单位(即,[0,
1))给出。此外,列表可能为空,则假设时移采用[0,1)区间等概率分布。

10.3.2.2 状态

无。

10.3.2.3 例子

当采样率为 250Hz 时,采样间隔是 1 /(250Hz)= 4ms。如果 SourceCh-
TimeOffset 是一个空列表,并且有 8 个输入通道,时间偏移量假设如下:

通道	1	2	3	4	5	6	7	8
相对时移	0	1/8	1/4	3/8	1/2	5/8	3/4	7/8
绝对时移	0	0.5ms	1ms	1.5ms	2ms	2.5ms	3ms	3.5ms

在 SourceChTimeOffset 中输入 relative time shift 的值,与空列表将产生相同的
效果。

10.3.3 传输(Transmission)滤波器

TransmissionFilter 将输入通道数据的一个子集作为输出。通常情况下用于数
据采集模块,选择已记录通道的一个子集进行在线处理(即选择需要向信号处理
模块传输的子集通道)。这个选项用来降低数据传输的开销和处理负载。

10.3.3.1 参数

TransmitChList:将要发送到滤波器输出的输入通道列表。可用通常的序数或
可用的文字标签来标记通道。通道标签也会随信号数据一起输出。

10.3.3.2 状态

无。

10.3.4 源(Source)滤波器

许多生物信号放大器提供硬件过滤。一般来说,它们有一个内置的线性噪声
滤波器或"陷波滤波器",对信号进行高通滤波。对于不提供这些滤波器的放大
器,由 SourceFilter 进行软件滤波。

不像其他的信号处理滤波器,Sourcefilter 在数据采集后将被立即应用,并将修

改保存到磁盘上,也就是类似于嵌入放大器中的硬件滤波器。所有其他信号处理滤波器均在信号处理模块中,它们将被应用到在线信号上,但对存储在数据文件中的信号没有影响。

10.3.4.1　参数

HighPassFilter:配置高通滤波器,它由一阶无限脉冲响应(IIR)滤波器实现。
- 0:禁用;
- 1:0.1Hz。

NotchFilter:配置陷波滤波器,通过一个 2 × 3 阶切比雪夫带阻实现。正确的设置取决于所在的国家。
- 0:禁用;
- 1:在 50Hz(欧洲、亚洲、非洲、部分南美洲);
- 2:在 60Hz(北美洲、部分南美洲)。

10.3.4.2　状态

无。

10.3.4.3　备注

一般来说,SourceFilter 存在于连接到放大器的源模块中。在不包含 sourceFilte 的源模块中。添加 SourceFilte 的模块还需要重新编译。

要添加 SourceFilte 到一个新的或现有的源模块,则需要添加下列文件到项目,并重新编译。
- BCI2000/src/shared/modules/signalsource/SourceFilter. cpp
- BCI2000/src/shared/modules/signalprocessing/IIRFilterBase. cpp
- BCI2000/src/extlib/math/FilterDesign. cpp

10.3.5　BCI2000 文件编写器(BCI2000FileWriter)

BCI200FileWriter 组件以 BCI2000 文件格式存储数据。

10.3.5.1　参数

SavePrmFile:指定参数是否要存储在一个独立于数据文件的参数文件中。额外的参数文件为冗余备份,因为本地 BCI2000 数据文件总是包含完整参数设置。

StorageTime:记录开始时,参数保存了用字符串描述的当前日期和时间。任何用户指定的值将被忽略。

10.3.5.2 状态

无。

10.3.6 EDF 文件编写器(EDFFileWriter)

EDFFileWriter 组件将以 EDF 文件格式存储数据。

10.3.6.1 参数

EquipmentID:一个字符串,标识设备供应商。

LabID:一个字符串,标识实验室。

SignalUnit:一个字符串指定校准信号的物理单位。不同于 BCI2000 其余部分,通常是"uV",而不是"muV"。

SubjectSex:一个枚举值,指定受试者的性别。

- 0:无指定。
- 1:男性。
- 2:女性。

SubjectYearOfBirth:受试者出生年以 YYYY 格式。

TechnicianID:一个字符串,记录技术人员 ID。

TransducerType:一个字符串,它描述了传感器(传感器)的类型,例如,"EEG:Ag/AgCl"。

10.3.6.2 状态

无。

10.3.7 GDF 文件编写器(GDFFileWriter)

GDFFileWriter 组件将以 GDF 的文件格式存储数据。除了提供像在 EDFFile-Writer 中一样的参数,它还提供一个选项来定义状态变量和 GDF 事件之间的映射。

10.3.7.1 参数

SubjectYearOfBirth:受试者出生年为 YYYY 格式。

SubjectSex:一个枚举值,指定受试者的性别。

- 0:无规定。
- 1:男性。

- 2：女性。

TransducerType：一个字符串，它描述了传感器（传感器）的类型，例如，"EEG：Ag/AgCl。"

SignalUnit：一个字符串，指定校准信号的物理单位。不同于个 BCI2000 的其余部分，这里使用的符号，通常是"uV"，而不是"muV"。

EquipmentID：一个字符串，标识设备供应商。从 GDF2.0 开始，设备 ID 字段是 8 个字节的数值表示，而不是字符串值。因此，EquipmentID 参数被视为一个整数值，并写入数值栏。例如，如果参数字符串被赋值为 0，因为参数值以字母开始而不是以数值开始，它的前 8 个字节以字节方式复制到数字设备 ID 字段。如果参数的字符串表达式少于 8 个字符，剩余的字节用零字节填充。

EventCodes：BCI2000 没有预先指定其状态变量的意义。而 GDF 把数值代码与固定事件相关联。因此，BCI2000 状态变量到 GDF 事件的一般映射是不可能实现的。相反，GDF 事件是通过在 EventCodes 参数中用户定义的一个映射规则集来创建的，GDF 也为那些最重要的事件预定义了一个规则集。

EventCodes 参数是一个两列矩阵，每一行将一个布尔表达式与一个十六进制事件代码相关联，这个事件代码所代表的事件在 GDF 文件格式中预先定义为每一个数据块计算布尔表达式的值。当表达式的值从"假"变为"真"时，第二列的 GDF 事件代码就会被输入到 GDF 的事件表中，每当它的值切换回"假"时，相同的事件代码就会被输入到表中，但最高位设置为 1（位掩码 0x8000）。

参数 EventCodes 的默认值定义了 BCI2000 状态和 GDF 事件代码之间最常见的映射：

条　件	代码	GDF 事件
TargetCode！=0	0x0300	实验开始
TargetCode==1	0x030c	提示上
TargetCode==2	0x0306	提示下
(ResultCode！=0)&&(TargetCode==ResultCode)	0x0381	击中
(ResultCode！=0)&&(TargetCode！=ResultCode)	0x0382	错过
Feedback！=0	0x030d	开始反馈

除了 GDF 的事件，BCI2000 状态变量将被映射到一个额外的信号通道，类似于 EDF。

10.3.7.2　状态

无

10.3.8 空文件编写器（NullFileWriter）

NullFileWriter 组件不存储大脑的信号数据（空文件格式）。滤波器仍然可以将日志文件写入到目录文件，该目录名由参数 DataDirectory、SubjectName 和 SubjectSession 确定。

10.3.8.1 参数

SavePrmFile 指定是否应该为每个运行创建一个参数文件。

10.3.8.2 状态

无。

10.4 记录输入滤波器

BCI2000 提供了多种机制以取样解析度来记录不同的用户接口信息（如鼠标位置、按键、按钮及操纵杆位置）。输入记录器是存储这些数据的首选方法，但一些旧方法仍得到保留，以便兼容。首先介绍输入记录器，然后介绍一些旧的方法。

10.4.1 输入记录器

BCI2000 允许以取样解析度记录键盘、鼠标及操纵杆的输入信息。信息被记录到状态变量中，当启动源模块时，通过指定相应的命令行选项来开启记录功能。

键盘、鼠标及操纵杆的输入与 BCI2000 的数据处理是异步进行的。考虑到这一点，输入事件都与时间标记关联，并存储于 BCI2000 事件队列中，一旦取到数据样本，就可以根据时间标记将事件对应置于相应数据位置。

当 BCI2000 通过分布在多台计算机中时，输入设备必须连接到运行数据采集模块的机器。这是因为数据采集时间标记和输入事件时间标记必须拥有一个共同的物理时间基础，这样才可以将样本位置与输入事件相关联。

在 Microsoft Windows 中，键盘、鼠标和操作杆设备通过 USB 连接，并且频率被限制为 125Hz，对应于 8ms 的时间分辨率。当要求更好的时间分辨率时，可以考虑记录到一个额外的模拟通道，或使用放大器的触发输入（如果可用）。

使用命令行参数启用输入记录器。

10.4.1.1 参数

LogKeyboard：通过命令行选项设置为 1 时，将键盘事件记录到 KeyDown 和

KeyUp 状态变量中。LogKeyboard = 1 启用。

LogMouse：通过命令行选项设置为 1 时，将启用鼠标事件记录。LogMouse = 1 启用。

LogJoystick：通过命令行选项设置为 1 时，将启用操纵杆状态记录。LogJoystick = 1 启用。

10.4.1.2 状态

KeyDown，KeyUp：键盘事件。当一个键被按下，在相应的样本位置将"KeyDown"设置为所按键的虚拟键码。当一个键被释放，键码将被写入"Keyup"状态变量。

MouseKeys：鼠标键状态。鼠标左键对应位 0，鼠标右键对应位 1。

MousePosX，MousePosY：鼠标位置在屏幕像素坐标系中的偏移量为 32768，即主显示器的左上角将被记录为(32768,32768)。

JoystickXpos，JoystickYpos，JoystickZpos：记录操作杠#1 的位置。每一个位置状态的范围为 0 ~ 32767,16384 是休息位置。

JoystickButtons1，JoystickButtons2，JoystickButtons3，JoystickButtons4：操作杆按钮信息。每个按钮的状态是 1(按下时)或 0(没有按下时)。

10.4.2 操纵杆滤波器(JoystickFilter(过时))

相对于输入记录器，常规滤波器在每个数据样本块中只更新一次。因此，一个滤波器从输入设备读取设备状态并存储于一个状态变量中，并据此来判断输入设备状态的变化。但是因为滤波器在一个数据样本块中只更新一次，所以数据样本块的大小也就决定了检测输入设备状态变化的快慢。因此，检测异步的外部事件，输入记录器是首选。不管怎样都会存在几个应用于输入/输出功能的滤波器，它们包括 JoystickFilter。

JoystickFilter：将操纵杆动作记录到一个状态变量中以用于对数据进行分析。

注：JoystickFilter 被 BCI2000 的输入记录工具所取代，但仍保持与现有实验的兼容性。请确保不要在存在 JoytickFilter 的配置中激活输入记录器；否则，记录的数据可能发生损坏。

10.4.2.1 参数

JoystickEnable：非零时启用记录操纵杆动作。

10.4.2.2 状态

JoystickXpos，JoystickYpos，JoystickZpos：每一个位置的状态范围为 0 ~ 32767,

其中 16384 为休息位置。

JoystickButtons1，JoystickButtons2，JoystickButtons3，JoystickButtons4：每个按钮的状态是 1（按下时）或 0（没有按下时）。

10.4.3 按键记录滤波器（KeyLogFilter（过时））

KeyLogFilter：记录键盘事件（即按键）和鼠标按钮的状态。这些事件都记录在 BCI2000 状态中，这样就可以跟踪用户的反应。时间分辨率由样本块长度决定。在样本块间隔内的任意时间的按键行为都将导致其键码被保存在样本块内相应的状态变量中。

注：KeyLogFilter 被 BCI2000 的输入日志工具取代，并保持与现有实验的兼容性。确保不激活一个配置中存在的 KeyLogFilter 以及输入记录，否则，对记录的数据可能发生损坏。

10.4.3.1 参数

LogKeyPresses：启用或禁用按键记录。如果 KeyLogFilter 被添加到模块中，则不管这个参数为何值，MouseKeys 和 PressedKey 状态都将被记录在文件中。

10.4.3.2 状态

MouseKeys：由两个位表示的鼠标状态，0 位值表示鼠标左键状态。

PressedKey1，PressedKey2，PressedKey3：这些状态包含"虚拟键码"（如在 Win32 API 中定义），最多三个键。当超过三个键同时按下时，只有那些首选按键有记录。该键与状态的关联取决于那些键被按下的顺序。一个零状态值表示没有键被按下。

10.4.4 鼠标滤波器（MouseFilter（过时））

MouseFilter：捕获屏幕上的鼠标位置坐标。

注：MouseFilter 被 BCI2000 的输入日志工具所取代，并保持为向后兼容性。确定不激活一个配置中存在的 MouseFilter 以及输入日志；否则，记录的数据可能发生损坏。

10.4.4.1 参数

无

10.4.4.2 状态

MousePosX，MousePosY：鼠标光标位置，单位为屏幕像素。

10.5   信号源模块

10.5.1   ADC 信号发生器

　　该 SignalGeneralADC 滤波器生成一个适合 BCI 用途的测试信号,该测试信号是正弦波、白噪声和直流分量的叠加。测试信号的幅值可以通过系统定位设备来控制,这在基于感觉运动的 BCI 测试系统中非常有用。信号的直流成分可以通过一个状态变量来调节,这在基于 ERP 的 BCI 测试系统中非常有用。

10.5.1.1   参数

　　DCOffset:所有通道的一个共同偏移值。可能是正或负的,以原始或校准单位表示。

　　ModulateAmplitude:决定信号的幅值是否跟踪定位设备(鼠标、轨迹球或类似)的运动。

　　NoiseAmplitude:所有通道的白噪声幅值,以原始或校准单位表示。噪声本身对所有通道是独立的。

　　OffsetMultiplier:一个算术表达式,其计算结果为一个乘法因子,用以与由 DCOffset 参数给出的直流偏移量相乘。这样就可以创建一个依赖于状态变量值的测试信号。例如,要创建一个 P300 复制拼写模式的模拟诱发响应,在 StimulusType 中输入乘法表达式并将 DCOffset 参数设为非零值。

　　RandomSeed:系统的随机数发生器的初始值。当一个非零值指定为初始值时,随机数生成器将始终产生相同的序列,导致相同的伪随机噪声,这对于达到测试目的是最有效的。如果初始值是零,随机数生成器将从系统时间开始初始化,从而每次导致不同的噪声。

　　SignalType:选择输出信号的数值类型。可供选项如下。
- 0:16 位有符号整数型(整数型 16 位)。
- 1:32 位 IEEE 浮点型(浮点型 32 位)。
- 2:32 位有符号整数型(整数型 32 位)。

　　SineAmplitude:测试信号的最大幅值。信号在 0 到这个最大幅值范围内进行线性调制。原始测量数据采用的是 A/D 测量单位,然后原始数据根据 SourceChoffset 和 SourceChGain 参数转化为电压单位表示(如 μV 或 mV)。

　　SineChannelX:一个通道索引号,该通道接收由定位设备(如鼠标指针)水平位置控制的测试信号。

SineChannelY：一个通道索引号，该通道接收由定位设备垂直位置控制的测试信号。如果该索引号为零，则测试信号是给所有通道的。

SineChannelZ：一个通道索引号，该通道接收鼠标键控制的测试信号。对鼠标键控制而言，按键模式被转化成相应的由两个位表示的数值。信号振幅与此数值成正比。

SineFrequency：测试信号的频率。当指定为纯数字时，频率等于采样率。绝对频率可考虑采用分数或小数值并使用赫兹为单位。示例：0.25（奈奎斯特频率的1/2）；10.5Hz，或20/3Hz。

10.5.1.2 状态

任何状态都可能会出现在 OffsetMultiplier 给定的参数表达式中。

10.5.2 gUSBampADC

gUSBampADC 滤波器从一个或多个 g.USBamp 放大器/数字化系统中获取数据。g.USBamp 是由奥地利 g.tec 公司（http://www.gtec.at）生产的一款组合式数字放大器。BC2000 为支持 g.USBamp 放大器提供了两个软件模块：一个从放大器获取数据的源模块（g.USPampSource.exe）和一个命令行操作工具（USBampgetinfo.exe）。

10.5.2.1 硬件

该 g.USBamp 包含 16 个独立的 24 位 A／D 转换器，能够以高达每通道 38.4 kHz 的频率采样。与传统的 A/D 转换板只有一个 A/D 转换器不同，g.USBamp 的每一个通道都有一个独立的 A/D 转换器，所以采样数据中每个通道的数据都是在同一时间完成数字化转换的。BCI2000 有样本通道数据采样时间自动对齐功能（参数 AlignChannels）。因为使用 g.USBamp 时不需要这个功能，需要关闭（即 AlignChannels 参数设为 0）。

10.5.2.2 参数

AcquisitionMode：如果设置为 analog signal acquisition，该 g.USBamp 记录模拟信号的电压（默认）。如果设置为 Calibration，信号输出是一个由 g.USBamp 产生的正弦波测试信号（可以用来进行功能验正或设备校准）。如果设置为 Impedance，先做阻抗测试，再进行常规模拟信号采集。此电极阻抗测试检测每个通道阻抗（以千欧为单位）。在阻抗模式下，地面和参考在放大器内是自动连接的（CommonGround 和 CommonReference 参数值被忽略）。在这种模式下，需要将地面和参考连接到块 D。

CommonGround：这个参数决定 g. USBamp 的四个区块的接地输入是否内部连接在一起。如果启用（默认），那么接地信号只需要连接到一个输入块，例如，A 区；否则，所有接地输入需要外部连接。

CommonReference 与 CommonGround 相同，除了输入为参考信号。

DeviceIDs：所有设备的序列号列表（如 UA – 2007.01.01）。如有一个以上的设备，该列表确定了记录中和数据文件中的通道顺序。如果只有一个设备连接，此参数可被设置为自动。

DeviceIDMaster：主设备序号（如 UA – 2007.01.01），主设备负责产生所有其他（即从设备）放大器的时钟信号。如只有一个设备，此参数等于 DeviceIDs 或被设置为 auto。如有一个以上的设备，那么这个参数代表了该设备的序列号，该设备 SYNC 与响应器同步，也就是，设备只在 SYNC OUT 处有电缆连接，在 SYNC IN 却没有。

DigitalInput：打开数字输入。如果打开了，每个放大器最后采样的通道将包含数字 I/O 输入块上数字输入 0（通道）的采样值，数字 I/O 输入块位于设备背面。例如，如果 SourceCh 为 8，那么通道 1~7 将代表模拟输入，8 通道将代表数字输入。因此，如果 DigitalInput 处于打开状态，SourceCh 和 SourceChDevices 可以最多为 17。本模块的后续版本将支持多个数字输入。

DigitalOutput：打开数字输出。如果开启，数字输出通道 0 在数据采集期间设为较低电平，采集结束时设为高电平。这主要是为了 BCI2000 验证过程，但也可能用于其他目的，如与外部设备的采集同步。

DigitalOutputEx：如果参数包含算术或布尔表达式，每当这个表达式的计算结果为真（非零）时，数字输出 1 设为高；当表达式计算为假（零）时，设为低。一个表达式例子：（（StimulusCode == 0）&&Running））。在这个例子中，当没有刺激和系统运行时，数字输出为高。

FilterEnabled：如想有一个带通滤波器，选择 1，若不需要就选择 0。由于 g. USBamp 是直流放大器，其信号会产生明显的 DC 偏移，这需要在存储和处理之前进行过滤。

FilterHighPass：带通滤波器的高通频率。用户需要查询放大器的可能值，参阅 USBampgetinfo 工具以获取更多信息。

FilterLowPass：带通滤波器的低通频率。参阅 USBampgetinfo 工具以获取更多信息。请注意，由于 g. USBamp 带有 6.8 kHz 基于硬件的反锯齿滤波器，其内部采样速度非常高，然后通过缩减取样降至所需采样率，这样即使不启用低通滤波器，将也不会出现锯齿。

FilterModelOrder：带通滤波器的模型阶次。参阅 USBampgetinfo 工具以获取更多信息。

FilterType：带通滤波器的类型。

- 1 = 切比雪夫 CHEBYSHEV；
- 2 = 巴特沃思 BUTTERWORTH。

NotchEnabled：陷波滤波器抑制在 50Hz 或 60Hz 处电源线的干扰。如想有一个陷波器，选择 1，否则选择 0。

NotchHighPass：类似于 FilterHighPass。

NotchLowPass：类似于 FilterLowPass。

NotchModelOrder：类似于 FilterModelOrder。

NotchType：类似于 FilterType。

SamplingRate：所有已连接 g. USBamps 的采样率。如想使用一个带通或陷波滤波器，需要针对特定的采样率滤波器进行配置（见关于 USBampgetinfo 工具章节）。如果需要一个不同的滤波器，g. tec 公司可以提供一个更新的驱动配置文件。

该 g. USBamp 支持以下采样率：32Hz，64Hz，128Hz，256Hz，512Hz，600Hz，1200Hz，2400Hz，4800Hz，9600Hz，19200Hz 和 38400Hz。不论使用一个还是多个放大器，都可以设置为以上采样率。如果在高采样率，并从多个放大器采样，CPU 可能会超载，这要看计算机速度和 BCI2000 配置。万一遇到问题（如数据丢失、抖动显示等），增加 SampleBlockSize，让系统以较低频率更新（通常，以每秒 20 次 ~ 30 次更新系统对大多数应用来说已经足够），并增加 Visualize – > VisualizeSource-Decimation。这个参数会降低每秒在 Source 代码显示中实际提取的样本数量。例如，在 38400Hz，四个放大器（64 通道），以 30Hz 更新系统，计算机就必须在源数据显示时，每秒画 7300 万条直线。BCI2000 V3.0 还包括一个适合自动抽取信号的新功能。

SignalType：定义的信号样本数据的存储类型（16 位整型或 32 位浮点型）。如果数据类型是 16 位整型，信号样本（由放大器产生，单位为 μV）被转换为虚拟的 A / D 单位（见下面的 Additional Information 部分）。如果数据类型是 32 位浮点型，信号以单位 μV 存储。在这种情况下，SourceChOffset 应为 0，并且 SourceChGain 应该是 1（因为从 μV 到 μV 的换算系数为 1）。

SourceChDevices：从每个设备获得的通道数。如果只有一个设备，此参数等于 SourceCh。例如，"16 8" 将从 DeviceIDs 列出的第一个设备获得 16 通道，并根据 DeviceIDs 列出的第二个设备获得 8 通道。数据采集始终从通道 1 开始。所有通道（例如，在这个例子是 24）总和与 SourceCh 值相等。

SourceChList：从每个设备获得的通道列表。通道总数为 SourceCh。对于多台设备,SourceChDevices 确定 SourceChList 值如何映射到每个设备。例如,SourceCh-Devices = "8 8"和 SourceChList = "1 2 3 4 13 14 15 16 5 6 7 8 9 10 11 12",则通道 1 4 和 13 16 将在第一个设备获取,而通道 5 12 将在第二个设备获取。这些通道作为 16 个连续的通道将被保存在数据文件中。通道的顺序是无关紧要的,也就是说,"1 2 3 4"和"2 3 1 4"是一样的。通道总是在一台设备中升序排列。在一个设备上通道不会列出两次,例如,输入"1 2 3 4 5 6 7 1",如果 SourceChDevices = "8"将导致错误。如果此参数为空(默认),那么所有设备上的所有通道数据都将被采集。

10.5.2.3　状态

无。

10.5.2.4　其他信息

与许多其他系统不同,g. USBamp 是一个 24 位数字化的直流放大器系统。对数字化样本数据进行带通和陷波滤波,将产生以 μV 为单位的浮点样本信号。BCI2000 在数据存储时目前支持有符号的 16 位整数、有符号的 32 位整数和浮点数。如果 SignalType 设置为 16 位整型或 32 位整型,从 g. USBamp 获得的浮点值都必须转换成整数,才可以存储并传送到信号处理。做如下转变:

$$\text{Sample}_{\text{stored}}(\,\text{A/D}_{\text{units}}\,) = \frac{\text{sample}_{\text{acquired}}(\,\mu\text{V}\,)}{\text{SourceChGain}} \qquad (10.1)$$

换句话说,当使用 g. USBamp 并以 16 位/32 位整型存储数据时,重要的是要选择 SourceChGain 值,使得生成的整数就在适当的范围内。特别是 16 位整数,只有有限的表示范围(0 ~ 65,535)。否则,就会出现信号片段或分辨率下降。总之,除非存储或其他因素需要使用整型信号,强烈建议以浮点数存储 g. USBamp 信号。

同任何其他 BCI2000 源模块一样,BCI2000 信号处理或任何常用离线分析方法所得到的以 uV 为单位的样本数据值,都是从存储样本数据中减去 SourceChOffset(即 0)并乘上每个通道的 SourceChGain 得到的。如果 SignalType 设置为 32 位浮点型,数据样本以单位 μV 存储。在这种情况下,SourceChGain 应该是一个仅包含 1 的表单(因为每个通道的数据样本与 μV 之间的换算因子是 1.0)。

当指定 0 和 1 之外的值时,就会创建一个数据文件。也就是说,数值转变之后才能被写入文件,这样就能通过 SourceChOffset 和 SourceChGain 重现原始值(μV)。

10.5.3　gMOBIlabADC

gMOBIlabADC 从 g. MOBIlab 设备获得数据。g. MOBIlab 也是由奥地利 g. tec

公司(http://www.gtec.at)生产的一款组合式数字放大器。

10.5.3.1 硬件

该 g.MOBIlab 设备包含 8 个模拟输入通道,使用 16 位数字转换器,采样率为固定的 256Hz。标准配置中,通道 1 – 2 灵敏度为 ±100μV,通道 3 – 4 灵敏度为 ±500μV,通道 5 – 6 灵敏度为 ± 5 mV,通道 7 – 8 灵敏度为 ± 5V。

A / D 转换器的输入范围约等于该敏感度。因此,例如,通道 1 或 2 的 1 个 LSB,大约是 200μV/65536 = 0.003μV。然而,A / D 转换器实际输入范围是略高于每个通道灵敏度(这样,A / D 转换器可以检测灵敏度是否达到饱和),因此,对每一通道需要使用校准信号来确定精确的 LSB 值。

g.MOBIlab 只有一个 A / D 转换器。因此,对不同通道信号进行数字化时,时间略有不同。BCI2000 有一项功能,可以对齐样本数据采样时间(需要启用参数 AlignChannels(即 AlignChannels = 1))。

另外,g.MOBIlab 还有一个特点是它有两根数字输入/输出线。此设备的源模块将第 9 通道配置为数字输入线。

10.5.3.2 参数

COMport:连接 g.MOBIlab 设备的串行端口,例如,COM2 端口。

SamplingRate:g.MOBIlab 采样率。此值必须是 256。

SourceCh:通道总数。这个数字可以是 1~9。如果它被设置为 9,则通道 1 – 8 代表 8 个模拟输入通道,通道 9 代表这两个数字线的值。

10.5.3.3 状态

无。

10.5.4 gMOBIlabPlusADC

gMOBIlabPlusADC 从 g.MOBIlab + 设备获取数据。该 g.MOBIlab + 同样是由奥地利 g.tec 公司(http://www.gtec.at)生产的一款组合式数字放大器,它可以通过串行连接传输,或通过蓝牙无线数据连接。

10.5.4.1 硬件

该 g.MOBIlab + 设备包含 8 个模拟输入通道,使用 16 位数字转换器,采样率为固定的 256Hz。此外,8 个数字输入线与模拟数据一起采样,使得行为信息(如按钮按下)也可以被记录。该放大器灵敏度为 ±500μV。因此,一个 LSB 大约是

1mV/65536 = 0.0153μV。

　　gMOBIabPlus ADC 只有一个 A / D 转换器。因此,对不同通道信号采样时,时间略有不同。BCI2000 有一项功能,可以对齐样本数据采样时间(需要启用参数 AlignChannels(即 AlignChannels = 1))。

　　g. MOBIlab + 有四根数字输入线和四根数字输入/输出线。在配置 g. MOBIlab + 源模块时确保通道 9 – 16 对应到数字线的值。很可能要在输出设置中配置一根数字线,使得读取数据时该线路有脉冲。这在下面参数一节中做进一步描述。

　　如果使用蓝牙,g. tec 蓝牙软件必须在使用 g. MOBIlab + 之前安装。请遵照 g. tec 提供的说明。

10.5.4.2　参数

　　COMport:连接 g. MOBIlab + 设备的串行端口,如 COM7;该值是在当蓝牙串行端口在安装过程中配置时确定的。

　　SourceCh:通道总数。这个数字可以是 1 ~ 8 或 16。如果它被设置为 1 ~ 8 之间,则 1 – 8 代表 8 个模拟输入通道。如果它被设置为 16,通道 1 – 8 是模拟输入而通道 9 – 16 是数字输入(见 DigitalEnable)。

　　SampleBlockSize:每个样本块包含的采样数。数值 8 对应着 BCI2000 系统的更新率是 32Hz。

　　SamplingRate:g. MOBIlab + 设备采样率。此值必须是 256。

　　InfoMode:显示有关 g. MOBIlab + 的设备信息。

　　DigitalEnable:如果设置为 1,那么 8 个数字线作为输入读取。在这种情况下,通道(SourceCh)总数必须等于 16。

　　DigitalOutBlock:如果此设置为 1,那么数字线 8 设置为输出模式,在开始块获取时设置为低,块读取后设置为高。这使得系统时间能够被测量,或使得 BCI2000 能与外部设备同步。

10.5.4.3　状态

　　无

10.6　信号处理滤波器

　　在信号处理模块,大脑信号通过一系列的滤波器处理,将原始的大脑信号转化成控制信号。因此,这些滤波器实现特征提取和信号转换。特征提取包括从空间和时间上对信号进行滤波从而得到一组提取的特征。信号转换包括一个线性分类器,将这些特征转换为控制信号,对应于一个比较小的心理状态(类)集。信号转换还包括规一化器,用来调整分类器的输出为零均值和单位方差。

所需滤波器序列如图 10.10 所示。滤波器本身在下面详细介绍。

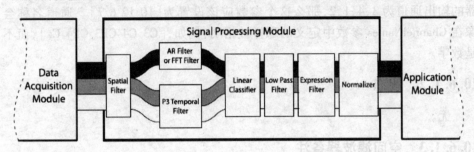

图 10.10 信号处理模块的滤波器

10.6.1 空间滤波器

SpatialFilter:计算滤波器输入的瞬时线性变换。通常情况下,SpatialFilter 的输入为源模块未过滤的大脑信号。空间滤波器的线性变换由一个变换矩阵来描述,并分别应用于每个样本,即不同时间点的非连接数据。这种线性变换可由以下三种不同方法参数化表示。

每一种空间滤波器使用不同的算法来计算线性转换,因此可影响 CPU 负载及性能。如下,N 表示滤波器的输入通道数,M 表示其输出通道数。通常情况下,M 小于或等于 N。

10.6.1.1 参数

SpatialFilterType:这个参数定义了将用于空间滤波的方法。有如下选项。

0:无。没有执行空间滤波;输入信号被复制到输出信号,空间滤波矩阵被忽略。

1:全矩阵。应用到输入信号的线性变换是由 SpatialFilter 矩阵参数定义的。这也是默认,与 BCI2000 之前版本的行为也相匹配。

2:稀疏矩阵。稀疏矩阵滤波器使用 SpatialFilter 矩阵参数确定非零矩阵项。每个非零项是由一个输入通道、输出通道和该通道的权重所决定。

3:公共平均参考(CAR)。公共平均参考空间滤波器计算所有通道的平均值,然后从选定输出通道中减去这个均值。该滤波器的输出通道可由 SpatialFilterCAROutput 参数来定义。

SpatialFilterCAROutput：此参数是一个通道列表,定义哪些通道应该从公共平均参考空间滤波器输出和它们应该出现的顺序。也就是说,通道在列表上的位置确定了输出通道的位置。例如,如果输入通道 6,7,10,12 映射到空间滤波器的输出通道 3,4,1,2,那么这个参数应该设置为[10 12 6 7]。通道名称会像在 ChannelNames 参数中定义的那样被指明:例如,[C3 C4 CP3 CP4 Cz],而不是数字。

10.6.1.2   状态

无。

10.6.1.3   空间滤波器备注

1) 全矩阵

全矩阵滤波器使用 SpatialFilter 参数来定义滤波器的线性变换,它作用于该滤波器的输入信号。在这个矩阵中,列代表输入通道,行代表输出通道。每个矩阵元素定义了各自输入通道(列)映射到各自输出通道(行)的权重。

如果空间滤波器要实现一个等同滤波器(不改变其输入),那么 SpatialFilter 矩阵应设置为一个单位矩阵(主对角线元素为一,其他所有元素都为零的方阵)。

在一个有固定电极分布的典型脑电实验中,用户可能想用列标签来表示各自的电极位置,简化进一步修改空间滤波器的任务。此外,指定行标签以确定输出通道,使用户可以在进一步加工处理阶段配置中使用那些标签,如 LinearClassifier。

全矩阵表示是指定一个空间滤波器最一般的方法,其他空间滤波器不容许时建议该方法。与其他方法相比,它有如下一些弊端。

● 复杂度为 O(NM)。大采样率和/或大量的通道情况下,高 CPU 负载可能导致实时问题。

● 由滤波器的性质可知,输入通道名称与输出通道名称并没有直接联系,无法根据输入通道来确定输出通道名称,所有输出通道标签必须手动指定。

● 滤波器的参数的设定取决于输入通道的顺序,这使得它与 TransmitChList 参数相互依赖。

2) 稀疏矩阵滤波器类型

稀疏矩阵滤波器使用 SpatialFilter 参数确定输入通道和输出通道之间的权重关系。在这种情况下,SpatialFilter 矩阵必须有三列,每个输入/输出关系占一行。第一列包含了输入通道,第三列定义了权重,第二列为输出通道,输入通道的值乘上权重后输出到相应的输出通道。

第一列中指定输入通道,可以使用通道名称。可以为输出通道使用任意名称。

稀疏矩阵法的性能完全取决于 SpatialFilter 矩阵元(行)的数量。在最好的情况下,仅将一个通道乘以权重并分配到指定的输出通道,相对 CAR 方法,这将大大减少所需 CPU 时间,也可能是 none 选项。

在现实情况下,所有 N 输入通道将被用来计算 $M \leqslant N$ 输出通道,因此,复杂性是介于 $O(N)$ 和 $O(NM)$,而最坏情况是 $O(N^2)$。

稀疏矩阵最坏情况下的性能将接近于一个 $N \times N$ 的'全'空间滤波矩阵。因此,对依赖于电极/传感器分布位置的空间滤波器而言,如拉普拉斯滤波器,使用通道标签的稀疏矩阵滤波器最有利。

3) 公共平均参考

值得注意的是,所有传递到空间滤波器(通常在 TransmitChList 参数定义)的通道都被用于 CAR 计算,但只有一个子集,通道实际输出并传递到信号处理链中的下一步。如果此参数为空,那么所有输入通道被传递到输出,而且输入通道数等于输出通道的数量。

公共平均参考的复杂度为 $O(N + M)$,具有大多数情况下的最佳执行性能。使用全矩阵或稀疏矩阵选项可以创建一个 CAR,然而,CAR 每个采样数据样本只计算一次均值,然后只在选定的通道中减去这个均值。为了在全矩阵中实施 CAR,必须重新为每个输出通道计算平均值,这样效率并不高,特别是在通道较多的系统中。

10.6.2 自回归滤波器

ARFilter 用最大熵法(Burg 算法)计算其输入(即在未修改 BCI2000 系统中经过空间滤波的大脑信号)的自回归模型。谱估计是对滤波器的每个输入通道单独处理的,它的输出可能是初始 AR 系数,或者估计功率或幅谱。因此,它也可用于取代计算功率谱的 FFTFilter。

10.6.2.1 参数

对于所有频率值参数,没有任何单位的浮点值将理解为频率与采样率的比值,如果在后面附上 Hz 则可以作为绝对频率,如下面的例子:

- 0.5 指的是奈奎斯特频率(采样率的 1/2)。
- 10.3Hz 指定 10.3Hz,不管采样率如何。
- 15 / 2Hz 指定为 7.5Hz。
- 该单位必须紧随该数值,中间无空格。

BinWidth:一个非负的浮点数,它表示单个 bin 的宽度,例如,"3Hz。"

Detrend：确定信号样本在谱估计之前是否去除。可能的值如下。

- 0：没有去除趋势。
- 1：平均去除。
- 2：线性清除。

EvaluationsPerBin：一个非负整数值，表示进入一个 bin 中的均匀间隔估计点的数目。

FirstBinCenter：一个浮点值代表第一个频率 bin 的中心，例如，"5Hz"。

LastBinCenter：一个浮点值代表最后一个频率 bin 的中心。

ModelOrder：自回归模型阶。此值约相当于在生成的谱中高峰的最大数量。

OutputType：输出类型，可能的值如下。

- 0：谱振幅。
- 1：谱功率。
- 2：AR 系数。

如果输出是一个频谱，输出信号元素对应均匀分布的频率 bins。对应初始 AR 系数，输出信号的第一个元素包含总信号功率，其次是模型的分母系数。

WindowLength：输入数据的窗口长度，该窗口用以计算模型/频谱。窗口长度以时间秒或信号块数量表示（例如，1.34s、500ms 或 5）。

10.6.2.2　状态

无。

10.6.2.3　自回归模型滤波器备注

AR 系数实际上是一个全极点线性滤波器系数，在有白噪声情况下，它可以重现信号的频谱。因此，功率谱估计直接对应于该滤波器的传递函数除以信号的总功率。要获取有限大小的频率 bins 谱功率，功率谱需要乘以总信号功率，在频率范围内整合到每一个 bin，综合相应个别 bin 的频率范围。这是通过数值积分，估算在评估点均匀分布的频谱、求和并乘以相应的 bin 宽度以获得相对于某一 bin 的功率。对振幅输出而言，而不是功率谱，bin 积分将替换成它们的平方根。

10.6.2.4　例子

对于一个典型的脑电应用，可以使用以下配置。

ModelOrder = 16

FirstBinCenter = 0Hz

LastBinCenter = 30Hz

BinWidth = 3Hz

EvaluationsPerBin = 15

上述配置将得到 11 个 bin,第一个 bin 包含 –1.5Hz ~ 1.5Hz 的成分。由于传递函数的对称性,这相当于从 0 ~ 1.5Hz 积分的 2 倍。最后一个 bin 将覆盖从 28.5Hz ~ 31.5Hz 范围。每个 bin 内的估值点间相隔 0.2Hz。

10.6.3 FFT 滤波器

FFTFilter 对所选输入通道做短时快速傅里叶变换,以产生频谱时间序列结果。频谱可以在可视化窗口中显示。通常,谱估计和谱解调是用 FFTFilter 来做的,而不是用 ARFilter。

10.6.3.1 参数

FFTInputChannels:需要计算 FFT 的输入通道列表。当 FFTOutputSignal 值设置为一非零值时,FFTInputChannels 列表项确定了输入与输出通道之间的对应关系。

FFTOutputSignal:根据配置,FFTFilter 的输出信号将是计算出来的频谱,或等同于不变的信号输入。可能的值如下。

0:input connect – through,通过此选项允许可视化使用 FFTFilter。

1:power spectrum,类似于 ARFilter,输出信号元素将对应于频率 bin。

2:complex amplitudes,输出将是傅里叶半复数系数,与频谱的虚部追加到实部。

FFTWindowLength:FFT 的输入数据窗口的长度,以时间秒或信号块数量表示(例如,1.34s、500ms 或 5)。对每个数据块计算一次 FFT。如果输入的数据窗口的长度超过了一个数据块,FFT 的窗口会重叠。如果数据窗口长度比一个数据块短,只有最近期的样本将进入快速 FFT。

FFTWindow 选择旁瓣抑制窗口类型。可能的值如下。

1:Hamming 窗。

2:Hann 窗。

3:Blackman 窗。

VisualizeFFT:如果为非零值,则 FFT 计算所得的功率谱可视。不论 FFTOputSignal 参数为何值,显示的始终为功率谱图。

10.6.3.2 状态

无。

10.6.3.3 FFT 滤波器备注

FFTFilter 需要 FFTW3 库,由于版权原因,需要单独从 BCI2000 得到该库。实际上,该滤波器使用 FFTW3 库做 FFT 计算,FFTW3 库基于 GNU 公共许可证(GPL)。请下载 FFTW 的 3.01 Windows 版本,网址:http://www.fftw.org/install/windows.html。

为了能够将 FFTW 库加载到 BCI2000,需要复制 FFTW3.DLL 目录到 BCI2000 的安装的 prog 目录。当使用命令行版本的 FFTFilter 时,需要复制 FFTW3.DLL 目录到 BCI2000tools/cmdline 目录。

在 FFTW3 最新的 Windows 版本中,命名已经改变了。如果想要在 BCI2000 中使用最新的版本,需要复制 libfftw3 – 3.dll 到 BCI2000/prog 目录并重命名它为 FFTW3.DLL。目前还未测试过。

10.6.4 P3 时间滤波器

相对于 ARFilter 或 FFTFilter 而言,P3TemporalFilter 更常用。它执行数据缓冲和时段平均,用以满足诱发反应(事件相关电位)在线分类要求。它将若干个时段数据进行平均,这些时段数据是在一系列刺激响应下记录的;每次刺激响应分别做一次平均。对一个给定的刺激当积累到一定数量的时段时,P3TemporalFilter 计算时间平均,并输出平均波形信号。每当得到一个时间平均,就将 StimulusCodeRes 状态设置为该刺激代码。

通常,P3TemporalFilter 的输出被发送到 LinearClassifier,该分类器把来自多个位置和时间点的波形数据,加以线性组合形成单一输出。这个数字可以代表每个刺激诱发反应的大小。然后应用模块,如 StimulusPresentation 和 P3Speller,对该输出提供反馈。

10.6.4.1 参数

EpochLength:决定了一个时段的长度。一个时段的开始相应于对应的刺激的开始。时段的长度,可以指定为若干块,或秒时间表示,如 500ms。

EpochsToAverage:确定在计算平均值之前累积的时段的数目。

TargetERPChannel:为了波形可视化,选择要进行平均波形显示的通道。通道由序数或文本标签给出。

VisualizeP3TemporalFiltering：如果非零,将出现平均波形图形。

10.6.4.2 状态

StimulusCodeRes：当输出平均波形时,此状态包含了相关的刺激代码。StimulusCodeRes 为零时表示 P3TemporalFilter 的输出不包含有效的平均波形,将会被应用模块忽略。

StimulusTypeRes：当输出平均波形时,如果相关的刺激被标记为"有意识的",这种状态为 1,否则为 0;换句话说,在输出波形时的 StimulusTypeRes 值与在刺激时间内的 StimulusType 值是匹配的。

10.6.4.3 状态输入

StimulusBegin（optional）：当此状态存在时,非零表示刺激开始,该状态出现。当不存在 StimulusBegin 状态时,刺激开始将取决于 StimulusCode 状态。

StimulusCode：刺激代码。当不存在 StimulusBegin 状态时,StimulusCode 从零切换到一个非零值表示刺激开始。为了计算平均值,时段根据刺激开始时的状态值进行分组。

StimulusType：表明刺激是否被标记为 attend。它的值是随着刺激的相关波形存储的。

10.6.5 线性分类器

ARFilter、FFTFilter 或 P3TemporalFilter（或任何其他编写的滤波器）从经过空间滤波的大脑信号提取信号特征。LinearClassifier 随后使用线性方程将这些特征转换成输出控制信号。因此,每个控制信号是一个信号特征的线性组合。输入数据有两个下标索引（N 通道 × M 元素）,输出的数据只有一个下标索引（C 通道 × 1 元素）,因此,线性分类器表示为一个 $N × M × C$ 矩阵,对输入数据加权求和后确定输出：

$$\text{output}_k = \sum_{i=1}^{N} \sum_{j=1}^{M} \text{input}_{ij} \text{Classifier}_{ijk} \qquad (10.2)$$

在基于周期性大脑信号分量的 BCI（如基于 mu 韵律的 BCI）中,LinearClassifier 的输入是随时间变化的振幅或经过多个空间滤波器滤波后的脑电通道的功率谱。将其输出对均值和方差做归一化,然后作为一个控制信号来确定光标的移动情况。

在一个基于 ERP 的 BCI(如 P300 BCI)中,LinearClassifier 的输入是根据一些刺激响应而得到的一个平均脑电时间序列,它的输出是上述每个响应为所需要的诱发响应的似然率。

10.6.5.1 参数

Classifier 分类器参数,定义为一个稀疏矩阵,其中每行对应于一个单一矩阵元。列对应如下。

1:输入通道。

2:输入元素(频谱情况时为 bin,ERP 情况时为时间偏移量)。

3:输出通道。

4:权重(矩阵元的值)。

输入通道可以指定为序号,或文字标签(如 CP4)。输入元素可为序数,或使用合适的数据单位(如频率 10Hz,或 120ms)。

10.6.5.2 状态

无。

10.6.5.3 Mu 节律分类范例

在 Mu 节律实验中,假设 ARFilter 的 FirstBinCenter 为 0,BinWidth 的为 3Hz。这样可以通过频率来指代各自的 bin,即 12Hz 而不是直接用 5 来表示第 5 个 bin。还假设,在 SpatialFilter 中,输入了输出通道的标签,这样可以使用标签 CP3 而不是数字 7 来引用相应通道。

1)一维光标运动

在这个例子中,要利用 CP4 通道数据给出需要的反馈我们采用 10.5Hz 和 13.5Hz 之间的振幅特征。那么,Classifier 参数只有一行。

输入通道	输入元素	输出通道	权重
CP4	12Hz	1	1

2)二维光标运动

在这个例子中,想要使用左右手区域在 12Hz 处的平均活跃度来控制水平方向的运动。此外,用左右手区域在 24Hz 处的差值控制垂直方向运动。在 Cursor-

Task 应用中,水平方向(X)对应通道 1,垂直方向对应通道 2。因此,Classifier 参数有以下四行。

输入通道	输入元素	输出通道	权重
CP3	12Hz	1	0.5
CP4	12Hz	1	0.5
CP3	24Hz	2	-0.5
CP4	24Hz	2	0.5

请注意,在上面的分类器中,CP4 - CP3 并不等于 SpatialFilter 中的差值。这是因为(至少基于 mu 韵律的 BCI 是如此)空间滤波后需要计算振幅谱,而特征组合其实相当于振幅谱相加。计算振幅谱包含取绝对值(或平方)运算,这是一个非线性算子,会出现 $|A - B| \neq |A| - |B|$。

10.6.5.4 ERP 分类范例

通常,将使用计算机程序来优化 ERP 实验中使用的分类器(如 P300 GUI 或 P300 Classifier)。然而,作为例子,假设要对 280ms ~ 300ms 之间数据的时间均值及 Cz 和 Pz 通道数据的空间均值进行分类,采样率为 250Hz。那么,将有 6 个样本数据在这个范围内,以样本数 70 开始:

输入通道	输入元素	输出通道	权重	输入通道	输入元素	输出通道	权重
Cz	70	1	1	Pz	70	1	1
Cz	71	1	1	Pz	71	1	1
Cz	72	1	1	Pz	72	1	1
Cz	73	1	1	Pz	73	1	1
Cz	74	1	1	Pz	74	1	1
Cz	75	1	1	Pz	75	1	1

请注意,与谱特征不同,在 LinearClassifier 和 SpatialFilter 内,空间结合通道之间是没有差异的。因此,不妨在 SpatialFilter 中将 Cz 和 Pz 整合到 Cz + Pz 标记的通道中,然后使用这个分类器的配置:

输入通道	输入元素	输出通道	权重
Cz + Pz	70	1	1
Cz + Pz	71	1	1
Cz + Pz	72	1	1
Cz + Pz	73	1	1
Cz + Pz	74	1	1
Cz + Pz	75	1	1

10.6.6   归一化器

归一化器对其输入信号(及分类器产生的控制信号)进行线性变换,使输出的控制信号在特定范围内。对于每个通道(下标索引记为 i),归一化就是将通道数据减去一个偏移量并乘以一个增益值。如后所述,这些偏移和增益值可以是手动定义,也可以自动确定,在 BCI2000 在线操作时使用如下变换:

$$output_i = (input_i - NormalizerOffset_i) \times NormalizerGain_i \qquad (10.3)$$

如果启用,Normalizer 基于之前输入信号的统计信息自适应地估计偏移和增益值,使得其输出信号具有零均值和单位方差。Normalizer 使用"数据缓冲区",根据用户定义的规则保存以往输入。这些规则被称为"缓冲条件",因为它们是以布尔表达式的形式给出。每个数据缓冲区与这样一个布尔表达式相关联。每当一个表达式计算结果为"真",目前的输入将被追加到相关联的缓冲。每当需要更新偏移和增益值,Normalizer 将利用其缓冲区的内容估计数据的平均值和方差。偏移量将被设置为数据的平均值,增益将被设置为数据方差的逆平方根,即数据标准差的逆。

10.6.6.1   参数

对于每一个 Normalizer 的输入信号通道,分别独立地进行调整。偏移、增益、以及调整方式选择,在列表参数中给出。列表中的每个条目对应一个信号通道。缓冲区矩阵形式进行以配置,其中列对应于信号通道,行对应于调整缓冲区。

Adaptation 值列表,为每个输入通道(即控制信号)单个确定调整策略。可能的值如下。

- 0:没有匹配。
- 1:调整偏移量为 0。
- 2:调整为零均值和增益为单位方差。

BufferConditions:由布尔表达式组成的矩阵。表达式可包含状态变量和 Normalizer 的输入信号分量(见下面的例子)。每个矩阵元表示一个数据缓冲区,该缓冲区是一个具有长度 BufferLength 的环形缓冲区。每当一个缓冲区的表达式的计算结果为真,输入信号的当前值将被放入缓冲区(当填满数据后,其之前的缓冲区被覆盖)。列对应控制信号通道。在某列的缓冲区将缓冲相应的信号通道数据,这些数据将被用于调整该通道。在列中,缓冲区的顺序不会影响计算。空表达式对计算不产生任何影响。因此,不同的通道有可能有不同数目的缓冲区。例如,一个在光标任务中仅存储第一个目标出现并在反馈期间数据的缓冲区,其布尔表达式为(Feedback)&&(TargetCode == 1)。

BufferLength:每个数据缓冲区的最大长度。如果给出的是纯数字,指定的是数据块数长度,如果数字后面带有字母 s,指定是时间秒。所有数据缓冲区具有相同的容量。一旦一个数据缓冲区被填满,其之前项将被新的数据所取代(环缓冲区)。在 BCI2000 以前的版本,是以"过去实验"方式指定缓冲区长度。这样只是强化了"实验"的概念,并没有推广到连续调整的情况。

NormalizerOffsets,NormalizerGains:偏移和增益值列表,其中每个条目都对应一个控制信号通道。这些值将根据通道 Adaption 参数中的调整设置更新。

Update Trigger:布尔表达式,从假切换到真时触发相应的调整。一般来说,不需要在实验里做连续的调整。通常情况下,在实验结束时做调整。这是通过更新触发表达式实现的,如 Feedback ==0 或 TargetCode ==0。为了做连续的调整,在 UpdateTrigger 参数中指定一个空字符串。

10.6.6.2 状态

缓冲条件表达式和 UpdateTrigger 表达式可以包含任何系统状态。系统会检查表达式语法是否正确及表达式中的状态变量是否存在于系统中。

1)调整合理性

使用全部数据的方差来进行调整好像粗糙了点——为什么不利用数据标签(目标代码)对数据进行线性回归分析,以将用户控制(任务确定)方差与噪声方差分开? 这样用户控制方差对应于反馈屏幕上的目标分离,这才是首先需要归一化的。

然而,仔细分析会发现用户控制方差和噪声方差的"相对大小"才是至关重要的。当这个"信号"差异与噪声方差相比较小时,使用归一化是不明智的。这只会导致噪声增大,在反馈屏幕上出现不正常的光标移动。在这种情况下,归一化噪声方差,使光标表现良好。同时,在这种限制下,因为信号方差较小,总方差与噪声方差接近。

在频谱的另一端,有一个比噪声方差大些的信号方差。这时,显然希望对信号方差进行归一化。然而,总方差也将主要由信号方差影响。因此,在高信噪比下,总方差与所需要的信号方差也非常接近。因此,无论信噪比是高还是低,数据的总方差归一化是一个不错的选择。

最后,也有可能自适应地估计信号的动态特征(如频谱的振幅),而不是简单地调整分类器输出,即控制信号值。虽然从数学的角度上来看这似乎有吸引力,并已获得了有价值的结果[7,8],但是也需要估计潜在的大量的特征。这通常意味着,系统更不稳定,并将花费更长的时间来适应调整,为此,需要专家来做仔细配置。因此,在 BCI2000,选择前面所述方法来做信号调整。

2)典型用法

Classifier 的输出作为 Normalizer 输入。Normalizer 把输入信号转换成具有零均值和单位方差的控制信号,然后将此控制信号传送到应用程序模块。由于应用程序的模块可以假设每个控制信号为零均值和单位方差,它可以很容易地把这些控制信号与具体任务参数相关联,如窗口大小、屏幕更新率、光标速度和实验持续时间。

10. 6. 6. 3 实例

1)具有三目标任务基于实验的一维反馈

在此例中,只对从反馈阶段的数据进行调整。为了确保所有目标对调整有相同的影响,为每个目标设置一个缓冲区。使用一个三行一列的 BufferConditions 矩阵(见下文)。根据哪些控制信号需要适应调整,下面这些缓冲区条件需要输入在矩阵的第一列、第二列、第三列(分别对应于 CursorTask 应用模块中的 x、y 和 z 方向)。

(Feedback)&&(TargetCode = =1)

(Feedback)&&(TargetCode = =2)

(Feedback)&&(TargetCode = =3)

缓冲区保存相应目标之前大约三次实验的数据。反馈持续时间(即光标移动的时间)为 2s。因此,我们设置缓冲区的长度相当于三个反馈时间:

BufferLength = 6s

调整应开始于每次实验结束时,即反馈结束。因此,为 UpdateTrigger 设一个表达式,反馈结束时,表达式值变为真:

Updatetriggerr = (Feedback = =0)

为了实现持续的运动,如 x 方向,需要在该通道有一个恒定归一化输出。为了与该任务模块的 FeedbackDuration 参数相一致,当光标需要在一次实验中跨越整个屏幕时,输出应该恒为 +2,当光标移动开始于屏幕中心时,输出应恒为 +1。这相当于该通道做如下设置:Adaptation = 0, NormalizerOffset = −1, NormalizerGain = 1 或 2。

2)具有四个目标任务基于实验的二维反馈

不同于前面的例子,现在有二维:左右(通道 1)和上下(通道 2)。目标位置如下所示:

```
-------------------------------------------------------------
|                    ##1##                        |
|#                                               #|
|2                                               3|
|#                                               #|
|                    ##4##                        |
-------------------------------------------------------------
```

使用目标 1 和目标 4 的数据来调整通道 2,目标 2 和目标 3 调整通道 1。相应地,缓冲区条件矩阵为

(Feedback)&&(TargetCode = =2) (Feedback)&&(TargetCode = =1)

(Feedback)&&(TargetCode = =3) (Feedback)&&(TargetCode = =4)

3)不预先确定目标的一维连续控制

在此例中,假设在 10min 实验时间内,所有的输出值将以近似相等的频率出现,或者至少在零点对称分布。与前面例子不同的是,在这里不假设预先知道目标的位置和时间。这个例子可以实现 BCI2000 与 Dasher 拼写系统或与其他期望统计上均匀输入的设备一同工作。该 BufferConditions 矩阵将有一个单一项,包含一个常数表达式:1。

这样,数据将始终被缓冲。不存在 trials 概念。为了对最后 10min 值做连续适应调整,我们设置 BufferConditions 中参数为 600s,或(10 * 60)s。为了连续调整,在参数 UpdateTriggerr 输入一个"空字符串"(非常量 0 的表达式)。

10.7　其他信号处理滤波器

10.7.1　低通滤波器

低通滤波器是一个简单的单极时间低通滤波器,包含时间常数 T(一个样本的时间单位),输入序列 $S_{in,t}$ 和输出序列 $S_{out,t}$(其中 t 是与时间成比例的样本下标索引),表达式为

$$S_{\text{out},0} \;=\; (1 - e^{-1/T})\,S_{\text{in},0}$$

$$S_{\text{out},t} \;=\; e^{-1/T} S_{\text{out},t-1} + (1 - e^{-1/T})\,S_{\text{in},t}$$

通常,LPFilter 用于去除 Classifier 输出信号的高频噪声,即产生光滑的控制信号。

10.7.1.1　参数

LPTimeConstant 滤波器的时间常数,以样本块为单位,或者以 s 为单位。LP-FilterConstant = 0 表示 LPFilter 禁用。

10.7.1.2　状态

无。

10.7.2　条件积分滤波器

条件积分滤波器(ConditionalIntegrator):滤波器根据给定的布尔表达式求值结果随时间对输入信号进行累加(积分)。通常,ConditionalIntegrator 用于对光标运动实验数据进行离线分析。在线操作时,反馈光标的位置代表了控制信号的积分。对于离线参数仿真实验,ConditionalIntegrator 执行积分操作,产生相当于光标在反馈屏幕上的位置的输出。光标移动时,一个典型的反馈任务将反馈状态设置为 1。相应地,离线仿真时使用积分条件 = 反馈。

10.7.2.1　参数

IntegrationCondition:一个布尔表达式,确定信号是否需要积分。当表达式初始结果为真时,滤波器的输出设为零。然后,当表达式的值为真,滤波器对其输入进行积分,积分的当前值返回为滤波器输出。当表达式初始结果为假,滤波器输出将为最后的积分值,并保留到表达式再次为真。

10.7.2.2　状态

任何现有的状态可能是 IntegrationCondition 表达式的一部分。

10.7.3　状态转换滤波器

状态转换滤波器(StateTransform):滤波器用一个算术表达式的值代替状态值。通常,State Transform 滤波器是用来替代离线数据分析中的光标命中检测功能,利用 IntegrationCondition 滤波器的输出来确定光标的位置。当光标击中一个目标,典型的光标移动任务将把 ResultCode 状态设置为被击中目标的编码。对于一维两目标的反馈情形,当滤波器的输入是积分控制信号时,如 ConditionalIntegrator 的输出,以下的 State Transform 矩阵能够完成这样过程。

状态	表达式
ResultCode	$(\text{ResultCode} > 0) * (1 + (\text{Signal}(1,1) > 0))$

10.7.3.1 参数

StateTransforms:以矩阵$(N * 2)$形式表示的任意数目的转换式。每一行对应一个转换。在一行中,第一列给出了要被改变的状态名称,而第二列给出了替换状态值的表达式。表达式可能也包含它取代的状态值。

10.7.3.2 状态

任何状态都可以被替换,任何状态都可以出现在替换表达式。

10.7.4 表达式滤波器

表达式滤波器(ExpressionFilter):使用算术表达式来确定它的输出信号。算术表达式可能包含状态变量和滤波器的输入信号,这提供了根据 BCI2000 系统状态来修改数据处理的强大方法,从而在其他信号通道中引入状态变量信息,或用系统状态信息取代处理结果。

10.7.4.1 参数

Expressions:表示算术表达式的字符串矩阵。这些表达式确定滤波器的输出信号。输出信号维数对应于矩阵维数:
- 矩阵行对应于信号通道。
- 矩阵列对应于信号元素(样本)。

对于每个信号块,每个表达式都将被计算,结果将赋值到输出信号的相应元素中。表达式可以包含滤波器输入信号和状态变量的参考信号(见下面的例子)。当 Expressions 的参数是一个空矩阵时,ExpressionFilter 将简单地把输入复制到它的输出。

10.7.4.2 状态

表达式可包含任何可用的状态。

10. 7. 4. 3 实例

以下的 2 × 2 矩阵的平方将取代 2 × 2 输入信号。此外,当 ResultCode 状态变量是非零时,插入表达式 * (ResultCode = = 0)到每项,将改变输出为 0 值。

Signal(1,1)^2 Signal(1,2)^2

Signal(2,1)^2 Signal(2,2)^2

当 Input Logger 用来跟踪一个操纵杆位置时,JoystickXpos 和 JoystickYpos 状态变量代表操纵杆的位置。当 ExpressionFilter 存在于信号处理模块中时,其放置在 LinearClassifier 和 Normalizer 之间,它可以配置为使用操纵杆位置来控制光标运动,使用此 2 × 1 矩阵:

JoystickXpos

JoystickYpos

在相同的配置中,如果要重新使用信号处理输出而不是操纵杆位置来控制光标移动,而不想将 ExpressionFilter 从信号处理模块中去除掉,要么 Expressions 参数设置为一个空矩阵,要么用此矩阵:

Signal(1,1)

Signal(2,1)

10. 7. 5 Matlab 滤波器

Matlab 滤波器允许在 Matlab 中实现所选择的算法。一旦 BCI2000 与 Matlab 滤波器一起运行,将看到一个 Matlab 命令行窗口。在该命令行窗口中,可以输入命令,显示 BCI2000 传达到 Matlab 引擎的状态变量。例如,可以输入下列命令之一:

```
% show the variables
Whos

% plot the first channel of the data (see below)
plot(bci_InSignal(1,:))

% plot the first channel of the data and continuously
% update the plot (see below)
while(1); plot(bci_InSignal(1,:)); pause(0.01); end
```

试运行以上例子,会发现 Matlab 需要一些时间来打开一个新图。虽然 Matlab 打开了新图,引擎却被阻塞了,这会导致 MatlabFilter 不能输入新数据到 Matlab 引擎。因此,MatlabFilter 将返回一个错误,需要重新启动 BCI2000。原因是,虽然可以通过命令窗口访问 Matlab 引擎,但 Matlab 引擎不能同时执行来自 BCI2000 的命令和窗口输入的命令。

为了让上面例子正常运行,必须在 BCI2000 运行之前,通过输入 figure(打开一个空图),先打开这个图形窗口。随后,一旦 BCI2000 开始运行,该图的内容就可以更新。

然而,上述例子已经表明,Matlab 引擎无法被 BCI2000 的 MatlabFilter 和命令窗口同时使用,所以不应在命令窗口中键入命令,需要给予 Matlab 滤波器执行命令的全部权限,从而确保时序得到控制。BCI2000 和 Matlab 的交互方式是,一个标准滤波器的每一个组成部分映射到一个相应的 Matlab 函数功能。如果在 BCI2000 内运行 Matlab 滤波器,它会调用 Matlab 引擎并执行所需的 Matlab 函数功能。开始学习使用 Matlab 滤波器最简单的方式是通过使用 IIR 带通滤波教程,该教程还包含 RMS 封装计算和 7.4 节介绍的线性分类。

10.7.5.1　参数

Matlab 滤波器没有参数,它使用默认设置。相反,用户提供的由 Matlab 滤波器执行的 Matlab 功能函数是具有参数的。初始化后,这些参数都显示在操作者模块中并且可以被修改。

10.7.5.2　状态

无。

10.7.5.3　疑难解答

(1)Matlab 没有找到用户所需的函数功能。请务必要设置 Matlab 的工作目录是包含所需功能的目录,使用 -- MatlabWD = <path>命令行选项,或添加各自的目录到 MATLAB 路径。我们一般建议第一个选项。

(2)没有启动 Matlab 引擎。在具有管理权限登录时,请在命令行输入执行 matlab / regserver 命令。

10.8　应用模块

10.8.1　光标任务

光标任务的目的是提供一个 BCI2000 用户应用程序模块,它可以实现一维、二维、三维光标移动任务。在一个方框形场景中,显示了一个由 Signal Processing Module 输出信号控制的球形光标运动。在这个场景中,目标显示为长方体或矩形。外框、光标和目标可以具有某种组织结构。

光标任务执行光标移动是基于三维控制信号,该信号通过一个 BCI2000 信号处理模块传递给它。这项任务总共需经过五个阶段。这些阶段根据时间先后如图 10.11 所示。在第一阶段,在屏幕上显示了一个空的工作区。这一时期被称为实验间间隔。随后,一个目标(即一个长方体)出现在 n 个可能位置之一。这个时期是预实验暂停。经过预实验暂停,光标出现在第 3 阶段。它立即开始由三维控制信号决定运动。在阶段 3 和阶段 4 中,用户的任务是将光标移动到目标。这时的光标运动时期被称为反馈周期或实验周期。第 4 个阶段以三种方式之一结束:要么光标击中正确目标,要么它没有击中任何预定目标,或反馈周期时间太长,超时。第 5 阶段,奖励周期,紧跟第 4 阶段。光标消失,目标改变其颜色以示实验期结束。在一段时间之后,目标消失,下一次实验重新随实验间隔开始。

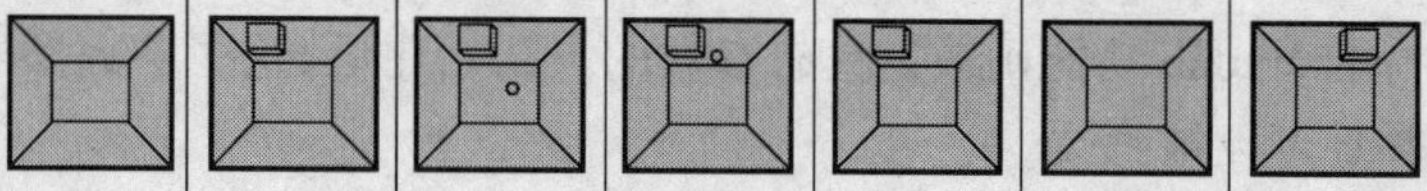

State							
TargetCode	0	2	2	2	2	0	3
Feedback	0	0	1	1	0	0	0
IntertrialInterval	1	0	0	0	0	1	0
ResultCode	0	0	0	0	1	0	0
Stage	1	2	3	4	5	6	7

图 10.11 光标任务的时间表

1)可视化表达

光标任务可视化由一个三维工作区组成(图 10.12),由五个包围矩形表示。这些矩形可以具有共同的用户可选的纹理图案。代表目标的立方体其边缘也有特定纹理。最后,光标用一个球体表示。它也可采用用户定义的纹理。为方便深度感知,光标的颜色提供了另一个关于光标 Z 位置的额外信息。用户指定光标在最顶部和最底部时的颜色。对于这两个端点之间的任何位置,光标的颜色是两种颜色之间的线性插值(具体而言,三原色(即红色、绿色、蓝色)将插值产生对于任意一个给定 Z 位置的光标的颜色)。

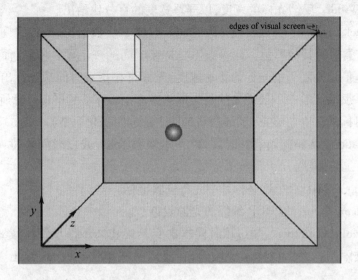

图 10.12 | 光标任务视觉显示

2）控制信号

光标的移动控制由信号处理模块输出决定。在这个信号中,通道 1、通道 2 和通道 3 对应 x 轴、y 轴和 z 轴,并有一个单一值(元)在每个通道中,确定各自维数上的光标速度。额外的通道或元素被光标任务应用模块所忽略。

10.8.1.1　参数

位置及大小由一个百分比坐标系统给定。[0 0 0]对应在工作区的左下角,[100 100 100]对应右上角。

CameraAim：百分比做系统中的相机目标点。

CameraPos：三维空间中以百分比坐标表示的相机位置向量。

CameraProjection：相机视角。

- 0:平视角。
- 1:宽视角。
- 2:窄视角。

CursorColorFront, CursorColorBack：光标在工作区顶部或底部时的颜色,由 RGB 值给出。当顶部和底部指定不同颜色,光标在某一 Z 坐标时的颜色将对应于这两种颜色之间的线性插值颜色值。

CursorPos：光标的起始位置,为一个百分比坐标系统中的向量。

CursorTexture：光标使用的纹理文件路径。

CursorWidth：反馈光标的宽度，以屏幕宽度的百分比给出。

FeedbackDuration：典型反馈持续时间。以样本块数给出，或以时间单位 s 或 ms 给出，或类似的其他单位。此参数不是持续时间的一个硬性限制，而是用来确定在归一化信号控制下的光标的移动速度，光标将在指定时间从光标出发点达到屏幕边缘。反馈实验中一般需要的是光标从屏幕中心移动到屏幕边缘所需的时间光标及目标的宽度忽略不记（详情请参阅上述的归一化章节）。

ITIDuration：实验间间隔的时间，以样本块数给出，或以时间单位 s 或 ms 给出，或类似的其他单位。

LightSourcePos：百分比坐标系中光源位置坐标。

LightSourceColor：以 RGB 编码的光源颜色。

MaxFeedbackDuration：超过该时间本次实验终止。不像反馈持续时间参数，这是一个硬限制。要么以样本块数给出，或以时间单位 s 或 ms 给出，或类似的单位。

MinRunLength：一个运行的持续时间，即一个连续记录数据文件对应的时间。一次运行不会在一次实验期间结束，因此它的实际时长可能比这个值还大。如果设置此参数，那么 NumberOfTrial 应为空，反之亦然。参数以样本块数给出，或以时间单位 s 或 ms 给出，或类似的其他单位。

NumberTargets：反馈屏幕上的目标数。

NumberOfTrials：一个运行的实验次数。如果此参数设置，那么 MinRunLength 应为空，反之亦然。

PreFeedbackDuration：反馈开始前的目标显示持续时间。以样本块数给出，或以时间单位 s 或 ms 给出，或其他类似单位。

PreRunDuration：第一次实验前暂停时间长度。以样本块数给出，或以时间单位 s 或 ms 给出，或其他类似单位。

PostFeedbackDuration：反馈后的结果显示持续时间。以样本块数给出，或以时间单位 s 或 ms 给出，或其他类似单位。

RenderingQuality：具有以下枚举值之一。

• 0：低——二维渲染。照明、阴影和纹理效果都关掉。此外，碰撞检测忽略目标对象的 Z 位置。对不兼容 OpenGL 的 3D 硬件设备，二维渲染大大快于三维渲染。

• 1：高——三维渲染。照明、阴影和纹理效果开启应用。

TargetColor：RGB 编码的目标颜色。

Targets：一个六列矩阵。前三列定义的目标中心位置坐标，以百分坐标给出；最后三列确定目标的三维程度（即宽度、高度、深度）。每一行对应一个目标。长方体的目标总是与三个坐标轴一致。

TargetTexture：用于目标的纹理文件路径，或空白。目前，可以接受 Windows BMP 文件作为纹理文件。路径可以是绝对的，或相对的可执行文件工作目录，在启动时通常与可执行文件的位置相匹配。

TestAllTargets：一个枚举值，确定碰撞测试的行为。

- 0 只测试当前可视目标。
- 1 测试所有的目标。

WindowBitDepth：反馈窗口的颜色位深。

WindowWidth，WindowHeight：目标可视应用窗口的宽度和高度，以像素为单位。

WindowLeft，WindowTop：应用程序窗口左上角的屏幕位置，以像素为单位。

WorkspaceBoundaryColor：以 RGB 编码的工作空间边界的颜色。0xff000000 为隐藏特殊值。

WorkspaceBoundaryTexture：工作区边界纹理路径，或空白。目前，Windows BMP 文件作为纹理被接受。路径可以是绝对的或相对的可执行文件的工作目录，在启动时通常与可执行文件的位置相匹配。

10.8.1.2 状态

CursorPosX，CursorPosY，CursorPosZ：状态分别记录光标位置，转换为 0 ~ 4095 范围内的数，这样的三维场景的左、上、底平面对应为 0、右、下，顶平面应与 4095 对应。

Feedback：值是 1 时，表明光标在反馈屏幕显示。通常情况下，这也意味着，光标移动是根据控制信号。

ResultCode：在每次反馈实验结束时，ResultCode 设置为结果目标代码，即是由光标击中目标的目标代码。当 PostTrialDuration 结束时，ResultCode 被重置为零。

StimulusTime：16 位时间标记，与 SourceTime 状态格式相同。当应用模块已更新刺激/反馈显示，立即设置时间标记。

TargetCode：在每次反馈实验中，当此状态为 1 时，表示当前目标可见，光标应向其方向移动；此状态为 0 时，表示当前屏幕上没有可见光标。当状态值由 0 切换到非 0 时，本次实验开始。

10.8.2　刺激呈现

这一任务的主要目的是向用户呈现一个听觉或视觉刺激的顺序时间序列。因此,StimulusPresentationTask 适合用于实施一系列研究,包括多种诱发反应(ERP)模式或运动/想象实验。除了传递刺激,本任务也可以用来与 BCI2000 的 P300 信号处理模块(P3SignalProcessing. exe)结合,对一个所选刺激以副本或自由模式提供反馈。

10.8.2.1　参数

AudioSwitch:听觉刺激全局开关,一个布尔参数。如果仅需要听觉刺激,从 Stimuli 矩阵中删除其他刺激的听觉项。

AudioVolume:音频播放量,以最大音量百分比表示。这个参数值可以被 Stimuli、FocusOn、Result 矩阵一个添加行所覆盖。

BackgroundColor:刺激矩形的背景色,由一个 RGB 值给定。矩形的高度是由 CaptionHeight 参数给定,其宽度视标题的文本宽度而定。

CaptionColor:标题颜色,对于文本的刺激,刺激的标题颜色由一个 RGB 值给定。这个参数的值可以被 Stimuli、FocusOn、Result 矩阵一个添加行所覆盖,后面有进一步的描述。

CaptionHeight:标题高度,对于文本的刺激,该刺激的标题高度是以屏幕高度的百分比表示。这个参数的值可以被 Stimuli、FocusOn、Result 矩阵一个添加行所覆盖。

CaptionSwitch:刺激标题显示开关,一个布尔参数。如果仅需要显示个别刺激标题,从 Stimuli 矩阵中删除其他刺激标题。

DisplayResults:复制/自由拼写结果显示开关。

FocusOn:在复制模式下(见 InterpretMode)、参与刺激被提交至刺激序列(Pre-Sequence Time)之前,并带有一个指定的刺激公告。这一刺激的属性是由 FocusOn 参数指定,该参数与参数 Stimuli 具有相同的矩阵格式。FocusOn 参数通常为单列矩阵,当它出现多列时,表明所有刺激是同时出现的。

IconSwitch:图标刺激全局开关,一个布尔参数。如果仅需要显示个别刺激图标,将 Stimuli 矩阵中的其他刺激图标设置为空白。

InterpretMode:一个枚举值,对于诱发反应在线分类来说,该值用于确定这项任务是否应与 P3SignalProcessing 模块结合使用。

● 0:没有目标要求"呈现",忽视信号处理的分类结果。

- 1:在线或自由模式。分类解释为显示所选刺激,但没有定义"注意目标";
- 2:复制模式。定义"注意"目标,解释分类,并显示选定的刺激。

ISIMinDuration, ISIMaxDuration:最小和最大的跨刺激间隔时间。在跨刺激间隔内,屏幕是空白,音频是静音的。实际的刺激间隔时间是在最低和最高值之间等概率随机变化的。参数单位可用样本块数,s,ms,或者其他类似的单位。请注意,时间分辨率被限制为单一样本块。

NumberOfSequences:一个 run 中重复序列的数目(一个 run 对应一个数据文件)。

PostRunDuration:上一个序列后的暂停时间长度。参数单位可用样本块数,s,ms,或者其他类似的单位。

PostSequenceDuration:序列后的暂停时间长度(或强化措施套)。参数单位可用样本块数,s,ms,或者其他类似的单位。当与 P3TemporalFilter 结合使用,该值必须大于 EpochLength 参数。这使得分类能在下一个序列刺激之前完成。

PreRunDuration:第一个序列前的暂停时间长度。参数单位可用样本块数,s,ms,或者其他类似的单位。

PreSequenceDuration:序列前的暂停时间长度。参数单位可用样本块数,s,ms,或者其他类似的单位。在自由或复制模式下,为了能够呈现 FocusOn 和 Result 刺激,PreSequenceDuration 和 PostSequenceDuration 参数可能不低于 2 倍的 StimulusDuration 参数值。

Result:在复制和自由模式(见 InterpretMode)下,分类结果在序列(PostSequenceTime)之后给出。该预测刺激前带有一条刺激。该刺激的属性由 Result 参数定义,该参数与 Stimuli 和 FocusOn 具有相同的矩阵格式。

Sequence:在确定型模式下,刺激代码的列表,这些代码定义了演示的顺序。在随机模式下,为一个整数形式的刺激频率的列表。

SequenceType:序列类型枚举值,有下列值。

- 0:确定性序列模式。顺序在 Sequence 参数中明确定义。
- 1:随机序列模式。顺序是随机的,刺激频率预先定义。

Stimuli 一个矩阵,它定义刺激及其性质。刺激矩阵的列对应于单个刺激及其代码。对于每一个刺激,以下属性由其行项定义。

- 标题:一个文本字符串,其大小和颜色取决于 CaptionHeightt 和 CaptionColor 参数。
- 图标:一个图形文件(Windows BMP),其大小取决于 StimulusWidth 参数。

- 音频：音频文件（Windows WAV），并在视觉刺激开始时播放。

标题/图标/音频项可为空白，表明不发生相应元素的演示。此外，一些全局刺激参数的值会被个别刺激的特定值所覆盖。要做到这一点，对每个被个别化的参数，添加一个额外的行到 Stimuli 矩阵。该行标签表明将被改变的参数，必须是如下之一。

- StimulusDuration。
- ISIMinDuration，ISIMaxDuration。
- StimulusWidth，CaptionHeight，CaptionColor，AudioVolume。

当出现这些行，相应的全局参数将被忽略。

StimulusDuration：对于视觉刺激，表示刺激的时长。对于听觉刺激，表示最大刺激持续时间，即超过指定的时长会被静音。单位可用样本块数，s，ms，或者其他类似的单位。

StimulusWidth：对于图标刺激，刺激宽度用屏幕宽度的百分比表示。从刺激高宽比推导出 Stimuli 高度，它始终是保守的。如果此参数为 0，所有的刺激显示时都未缩放，即原来的像素大小。这个参数的值可以被 Stimuli、FocusOn、Result 矩阵一个额外行所覆盖。

ToBeCopied：刺激代码列表，定义一个注意刺激序列。在每个呈现序列开始前，该列表的另一个输入为注意刺激（见 FocusOn）。此参数仅用于复制模式。

UserComment 文档评论。

WindowBackgroundColor：窗口的背景颜色，即 RGB 值。为方便起见，RGB 值可以用十六进制表示法，如红色 0xff0000。

WindowLeft，WindowTop；应用程序窗口左上角的屏幕位置，以像素为单位。

WindowWidth，WindowHeight：可见应用程序窗口宽度和高度，以像素为单位。

10.8.2.2　状态

PhaseInSequence：状态 1 表示时序前，状态 2 表示时序中，状态 3 表示时序后（见时间表）。

SelectedStimulus：当进行分类时，这种状态包含了刺激分类为"被选择"这一类的刺激代码。

StimulusBegin：当第一个块刺激呈现时，状态为 1，否则为 0。

StimulusCode：16 位刺激代码。

StimulusTime：16 位时间标记，格式与 SourceTime 状态相同。当应用模块已更新刺激/反馈显示，时间标记立即被设置。

StimulusType：注意刺激呈现期间状态是 1，否则为 0。一个刺激要求在复制模式下记录数据。

这项任务的时间表，以及相应的状态值，如图 10.13 所示。

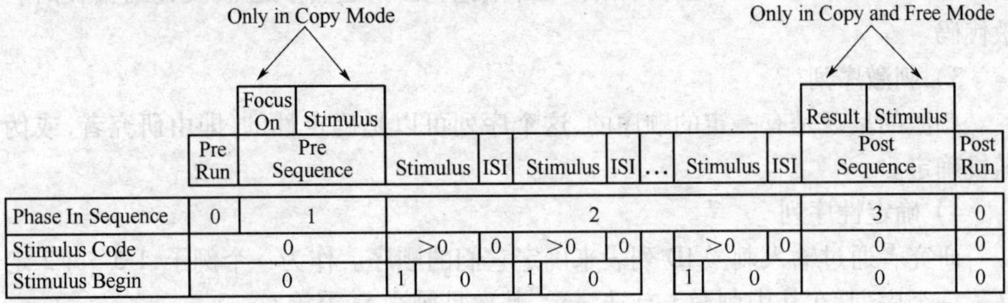

图 10.13 刺激呈现任务时间表

10.8.2.3 刺激呈现备注

1）刺激定义

刺激通过在应用程序模块中定义参数建立。这就间接地确定了总刺激数，以及每个刺激的细节。每个刺激由下列属性确定：

（1）标题。

（2）图标文件。

（3）音频文件。

除了刺激属于实际刺激序列的一部分，FocusOn 和 Result 参数包含了刺激的定义，暗示是什么要集中精力和刺激的呈现结果。这些刺激只用于当任务设置为复制或自由模式情况。表 10.1 包含的示例定义两种刺激。

表 10.1 定义两种刺激的示例

	刺激 1	刺激 2
标题	Donkey	
图标	images/donkey. bmp	images/elephant. bmp
音频	sounds/snicker. wav	sounds/trumpet. wav

标题/图标/音频项可为空白，表明不发生相应元素的演示（例如，见刺激 2 的标题）。刺激参数的定义不包含如何说明刺激的呈现。详情请参阅 Stimuli 参数的说明。

2) 刺激码

当定义一个刺激序列时,刺激被称为整数 ID,即刺激代码。与刺激相关的刺激代码对应于该刺激在 Stimuli 矩阵参数中定义的那列。在记录的数据文件,刺激呈现是由 StimulusCode 状态表示的。在刺激呈现时,这种状态被设置到相关的刺激代码。

3) 刺激序列

刺激的呈现是有一定的顺序的,这个序列可以是确定性的,即由研究者,或伪随机确定。

4) 确定性序列

研究者通过输入刺激 ID 列表来确定它们的顺序。作为一个例子,1 5 3 4 2 定义了一个序列,在其中刺激 1 首选演示,其次是刺激 5,等等。

5) 随机序列

研究者为每个刺激定义了绝对刺激频率,及最终序列的显示刺激总和。对任意给定的频率序列应用一个随机置换,由此产生的随机序列,并在所有 $N!$ 指数排列的置换时等概率(块随机)。

例如,6 2 3 定义了 11 个刺激序列,刺激 1 被呈现 6 次,刺激 2 是 2 次,刺激 3 是 3 次。由此产生的顺序将是一个置换 $S_0 = [1,1,1,1,1,1,2,2,3,3,3]$。

给定的频率可以生成多个序列。研究者可以定义多少序列产生并被提交。

6) 刺激传递

对于任何刺激,标题、图标和音频的传递是同时发生的。当标题和图标定义后,标题出现叠加的图标。研究者可以指定:

• 目标窗口的大小和位置。

• 标题和图标的宽度和高度,以屏幕宽/高的百分比表示,或该图标以原来的像素大小出现。

• 无论是标题、图标还是音频文件,都将被提交(即一个全局开关)。这里没有为每个刺激安装独立开关。然而,个别标题/图标/wave 文件没有定义时将不被呈现(即,它们的输入项是空白)。

• 音频播放音量,以最大音量的百分比方式表示。

• 窗口的背景颜色 RGB(为方便起见,可以以十六进制表示法输入 RGB 值,例如,红色 0xff0000)。

• 标题颜色以 RGB 表示。

• 刺激的持续时间(音频播放在指定时长之后为静音)。

• 一个跨刺激间隔时间(在跨刺激间隔内,屏幕是空白和音频是关闭的)。

• 刺激间隔差异,刺激间隔以等概率分布于最低和最高时间间隔之间。

- 文档生成,用户可以在字符串参数中输入对特定运行的评论。

7) 分类结果处理

该任务可以被配置来解释由 P3SignalProcessing 模块传递给它的结果。这些结果代表了判断哪个刺激是最有可能的选择。这些结果的处理与 P300 Speller 的处理相同。

当它传递分类结果时,SignalProcessing 设置状态 StimulusCodeRes 为刺激代码,该代码最初是由用户应用程序传送。例如,当 SignalProcessing 设置 StimulusCodeRes 为 3 时,则为刺激 3 传输分类结果。此外,当系统是在复制模式下,它设置 StimulusCodeRes 以反映刺激类型(0 = 非目标,1 = 目标)。SignalProcessing 以一个数值传输分类结果(即第一个控制信号)。

8) 自由模式

任务可以被配置为在自由运作模式下运行。在这种情况下,刺激发送序列紧跟在一个时间段后,在该时间段内,信号处理给出分类结果。最终的分类结果是分类结果最高的刺激。

为了给出这一结果,系统将使用刺激参数结果列所定义的刺激。这个结果在确定刺激的传递之后。换言之,经过刺激传输序列,系统可能会播放 .wav 文件,内容为"结果是,"之后紧跟着一个 .wav 文件内容为"是"(假设"是"代表了产生最高分类结果的刺激)。

最后,该任务以 ASCII 码文本信息格式发送结果到操作员模块,让它在日志窗口显示。自由模式只有当研究者暂停运作才会终止。

9) 复制模式

复制模式类似于自由模式。在复制模式下,研究者可以定义一个要复制的刺激列表,例如,3 5 4。在这个例子中,第一为刺激 3,第二为刺激 5,第三为刺激 4。除了结果显示,刺激发送前带有介绍,描述了用户必须参与的刺激。此呈现使用的是在 FocusOn 参数定义的刺激。该刺激的呈现紧跟在预期目标刺激发送之后。例如,在系统启动刺激发送序列前,会说"请关注"…"是的"。

当用户复制完由研究者指定的所有刺激时,复制模式终止(即中止任务)。

10.8.3 P300 拼写器

该 P3SpellerTask 实现 Donchin 矩阵拼写模式[1,4]。最典型的配置是一个 6×6 矩阵(图 10.14)。用户的任务是关注研究者指定的并在用户屏幕上显示的单词字符(每次指定一个字符)。另外,用户可以自由地选择他/她处理的字母,使用拼写器作为一个真正的通信设备。所有的矩阵行列先后随机加强显示。对于一个完整的行或列的强化集合,其中两个强化显示会包含所需的字符(即一个特定的行和特定一列)。这些不经常发生的刺激诱发的反应与不包含所需字符的刺激诱发反应不同,类似于传统的 P300 范式[4]。在 P3SpellerTask 推算出所需的字符之前,整套的刺激通常闪过几次。为了确保最佳诱发反应的振幅,重要的是保证刺激是不频发的。因此,如果某些行或列在前一个序列中被加强了,则 P3SpellerTask 要避免启动带有这些行或列的序列。通过确定最强烈反应时的行/列,拼写系统获得被试者希望的矩阵元素,并执行对应该矩阵元素的操作。通常情况下,这一操作将包括添加一个字符到文本窗口。除了基本功能,P3SpellerTask 提供了能够处理多种拼写菜单,保存和恢复的文本缓冲区,并可以选择外部程序交换信息。通常,P3SpellerTask 是与 P3TemporalFilter 信号处理滤波器/P3SignalProcessing 信号处理模块一起使用。

图 10.14 一个 6×6 的拼写矩阵实例。用户的任务是拼写单词"发送"(每次一个字符)。对于每一个字符,矩阵中所有行和列加强了多次。在这个例子中,第三行是加强显示

10.8.3.1　参数

AudioStimuliOn:音频刺激播放开关。

AudioStimuliRowsFiles, AudioStimuliColsFiles:这两个参数都是单列矩阵,指定分别与行或列相连的拼写音频文件。每当一个行/列突出显示,相关的音频文件就会被播放。对于音频文件,期望格式是 Windows WAV。路径可以是绝对路径或与启动时执行的工作目录相对应的相对路径,这个相对路径通常与可执行文件的位置相匹配。文本可以通过加单引号给出,而无需指定音频文件的路径。在这种情况下,文本的发音是使用该系统的文本至话音转换引擎

来实现的。

BackgroundColor：矩阵元素的背景色（RGB）。

DestinationAddress：网络地址，用以接收拼写输出，以 IP:port 格式给定，例如，localhost:3582。使用 UDP 套接字打开这个地址，然后程序发送选定的矩阵元素的相关信息给外部应用程序。每次选择，被选的矩阵元输入栏的所有元素都将被写入，以 P3Speller_Output 加空格开头，以一个 \r\n 的序列结尾（例如，一个 MS – DOS 风格的行结尾）。例如，当一个输入字母为"A"，与矩阵元素相应的退格符命令为 P3Speller_Output⟨BS⟩\r\n 的矩阵元素被选中时，输出将为 P3Speller_Output A\r\n。

DisplayResults：复制/自由拼写的结果显示开关。

FirstActiveMenu：对于多个菜单，一个运行开始时的菜单活跃指数。

IconHighlightFactor：如果 IconHighlightMode 是 1 或 4，此参数定义了亮度比例因子。调光相当于当比例因子小于 1 时进行加强。

IconHighlightMode：枚举值，指定刺激呈现时图标亮度调节：

- 0：显示/隐藏。图标只在刺激呈现时可见。
- 1：强化。增加图标亮度。
- 2：灰度。刺激呈现时的灰度尺度。
- 3：反转。刺激呈现时反转颜色/亮度值。
- 4：调暗。刺激呈现时降低亮度值。

InterpretMode：枚举值，选择诱发反应的在线分类。

- 0：没有目标宣布"注意"，并且没有进行分类。
- 1：在线或自由模式。分类执行，但"注意的目标"没有被界定。
- 2：复制模式。"注意"的目标被界定，分类进行。

ISIMinDuration, ISIMaxDuration：跨刺激的间隔时间的最小值和最大值。在跨刺激间隔，屏幕是空白，音频静音。实际上，跨刺激间隔时间在最小值和最大值之间等概率随机变化。单位可用样本块数，时间单位（s 或 ms），或其他类似单位。请注意，时间分辨率是被限制为单一样本块。

NumberOfSequences：每个分类（矩阵元素选择）之前的序列加强显示数。对于一个 $N \times M$ 的拼写矩阵，一个单一增强序列有 $N + M$ 个加强，N 对应每一行，M 对应每一列。通常，该参数设置为与 P3TemporalFilter 的 EpochsToAverage 参数值相同。

NumMatrixColumns, NumMatrixRows：拼写矩阵的行列数。对于多菜单，使用数值列表来表示每个菜单的列/行数。

PostRunDuration：上一个序列后的暂停时长。以样本块数给出，或者以 s 或

ms 单位给出,或者其他类似的单位。

PostSequenceDuration：序列的暂停时长。以样本块数给出,或者以 s 或 ms 单位,或者其他类似的单位。当与 P3TemporalFilter 一起使用时,该值必须大于 EpochLength 参数值,使得在下一个刺激序列呈现之前完成分类。

PreRunDuration：第一个序列之前的暂停时长。以样本块数给出,或者以 s 或 ms 为单位,或者其他类似的单位。

PreSequenceDuration：强化序列之前的暂停时长。以样本块数给出,或者以 s 或 ms 为单位,或者其他类似的单位。在自由或复制模式下,PreSequenceDuration 和 PostSequenceDuration 参数可能不会低于 2 倍 StimulusDuration 参数值,以便允许 FocusOn 及 Result 公布刺激显示。

StatusBarSize,StatusBarTextHeight：状态栏大小和文本高度,以屏幕高度百分比表示。状态栏位于屏幕的顶部,并显示目前已拼写的文字。在复制模式下,它也显示用户应该拼写的文字。

StimulusDuration：对于视觉刺激,为刺激的显示时长。对于听觉刺激,为最大持续时间,即超过音频播放指定的时间将会静音。以样本块数给出,或者以 s 或 ms 为单位,或其他类似的单位。

TargetDefinitions：五列矩阵,定义拼写矩阵元素。每一行对应一个单一的矩阵元;矩阵元素从左上角的矩阵元开始以行方式枚举。该定义中的列矩阵如下。

(1) 显示：在矩阵元素中显示的一个文本字符串,即矩阵元素的标题。

(2) 输入：项目选择后,指定拼写器要执行的操作;在大多数情况下,这一行动包括输入一个文本字符串,并由该字符串指定。例如,矩阵左上角元素显示标题"A",也可选择输入字母"A",无论是显示还是输入栏,都会包含字母"A"。

(3) 大小：指定相对于其他矩阵元素的矩阵元大小。

(4) 图标文件：包含一个在拼写矩阵元素中显示的图标文件的路径。以 Windows BMP 格式存储。

(5) 声音：包含声音文件路径,当矩阵元素被选中时,该文件将被播放。声音以指向 Windows WAV 文件路径或者加单引号的文本形式给出。当给出一个文本时,将使用该系统的文本到话音转换引擎发声。

TargetTextHeight：矩阵元素的文本高度,以屏幕高度百分比表示。

TargetWidth,TargetHeight：单一矩阵元素的宽度/高度,以屏幕宽度/高度百分比表示。

TestMode：如果这个参数被选中,当序列增强一完成时,用鼠标单击一个矩阵元素,就能选中它。这是非常有用的拼写矩阵配置测试。

TextColor, TextColorIntensified:在标准或高亮模式下的文本颜色,RGB 格式。

TextResult:在一个 run 的开始,这个参数的内容复制到状态栏的下部。在运行结束时,状态栏的内容复制回此参数。

TextToSpell:在复制模式下,用户拼读文本,该文本由一个字符串组成。此文本显示在实际拼读文本上面的状态栏。通过比较 TextToSpell 与实际拼读文本之间的差异,拼写者自动获得用户将需要选择的下一个矩阵元素。该信息用于设置 StimulusType 状态。

TextWindowEnabled:如果这个参数被选中,将出现一个独立的窗口。一旦状态栏被填满,文本流入窗口,以文本删除的方式返回。

TextWindowFilePath:目录的(相对或绝对)路径。当 < SAVE > 和 < RETR > 拼写命令出现时,文本窗口的内容保存到/检索位于该目录中的文件。重复 < 保存 > 命令不会导致覆盖现有文件。相反,现有的文件会被保存,而且最近文件的名称写入文件指针。路径可以是绝对路径或与启动时工作目录相对应的相对路径,该相对路径通常与可执行文件的位置相匹配。

TextWindowFontName,TextWindowFontSize:文本窗口的字体名称和大小。

TextWindowLeft, TextWindowTop, TextWindowWidth, TextWindowHeight:文本窗口的位置和像素尺寸。

WindowBackgroundColor:窗口的背景颜色(RGB)。为方便起见,RGB 值可以十六进制表示法输入,例如,0xff0000 为红色。

WindowLeft, WindowTop:应用程序窗口左上角的屏幕位置,以像素为单位。

WindowWidth,WindowHeight:被试者可见应用程序窗口的高度和高度,以像素为单位。

10.8.3.2 状态

PhaseInSequence:序列前状态是1,在序列期间是2,在序列后是3(见上面的时间表)。

SelectedTarget, SelectedRow, SelectedColumn:分类后,这些状态都分别设置为选定的目标的 ID,及其相关的行和列。一个目标的 ID 在 TargetDefinitions 矩阵中是与其行相匹配的。

StimulusBegin:第一个刺激块出现时,状态为1,否则为0。

StimulusCode:正在呈现的刺激的 ID(16 位)。

StimulusTime 与 SourceTime 状态格式相同的 16 位时间标注。当应用模块更新刺激/反馈显示更新后,立即设置时间标注。

StimulusType:当刺激出现时状态为 1,否则为 0。一个"有意识的"刺激需要在复制模式下记录数据。

10.8.3.3　P300 拼写备注

1）拼写命令

拼写命令在 TargetDefinitions 矩阵的第二列中指定。拼写命令可能是字符序列,当相应的项目被选中时,它们被添加到拼写文本。此外,拼写命令可能是包含在一对 < > 字符的拼写控制命令。允许任何字符和命令的组合,并将在序列中执行。

可用的拼写控制命令如下。

- < BS >（退格）:从当前文本中删除最后一个字符。
- < DW >（删除字）:从当前文本中删除最后一个词。
- < UNDO >:撤消前一个拼写动作。
- < End >:结束拼写,将 BCI2000 设置为暂停模式。
- < SLEEP >:暂停拼写;当 < SLEEP > 再选中两次后恢复。
- < PAUSE >:暂停拼写;当再次选中 < PAUSE > 时恢复。
- < GOTO x >:移动到拼写菜单 x（见下文的 Multiple Menus）。
- < SAVE >:将文本窗口中的内容写入到 TextWindowFilePath 指定的文件中。
- < RETR >:从最近保存的文件中加载文本窗口内容。

2）多菜单

P3SpellerTask 允许指定多个拼写菜单,以及使用 < GOTO > 和 < 返回 > 拼写命令在它们之间进行切换。在多个拼写菜单中,TargetDefinitions 被配置为一个矩阵的列表,而不是一个单一的矩阵。每个子阵应该与上述格式相同。子矩阵可以有各自的行列数以及矩阵元素的集合。此外,切换到多 Multiple Menus 意味着附加输入下列参数:

- NumMatrixColumns, NumMatrixRows
- AudioStimuliRowsFiles, AudioStimuliColsFiles（附加列）
- TargetWidth, TargetHeight, TargetTextHeight, BackgroundColor
- TextColor, TextColorIntensified, IconHighlightMode, IconHighlightFactor

3）可视化表达

可视化表达分为三个部分（图10.15）：

（1）Text to Spell。显示用户需要拼写的文本（仅在复制拼写模式中使用）。

（2）Text Result。保留当前时刻所拼写的字符。

（3）Speller Display。包含拼写矩阵的区域。

图10.15 用户屏幕要素。Text To Spell 栏是预先定义的文本。拼写器将分析诱发电位响应选择字母或数字追加到 Text Result 栏中

除了文本字符,也可以在 P3Speller 矩阵中显示图标（位图）,可以通过在 TargetDefinition 参数相应单元的第4列图标中输入相应的文件名来实现。图标将使用多种方法闪烁（突出显示）（详见 IconHighlightMode 参数的说明）。新字符添加到右边后,填充 Text Result 区域,一旦没有剩余空间,文本则向左移动以容纳更多的字符。

当选中一个单元,也可以播放声音文件或"话音"文本（使用文本话音转换引擎）。要播放一个声音文件,这个声音文件的名称应在目标定义矩阵相应单元的第5列中输入。为实现从文本到话音的转换功能,用单引号把将要"话音"的文字输入到目标定义矩阵所在单元的第5列（例如,′文字′）,如图10.16所示。文本话音转换引擎使用该系统的"默认话音"设置（Control Panel→Speech→TextToSpeech→Voice Selection）。可选男声或女声。

4）测试矩阵菜单

为了测试矩阵菜单配置,P3SpellerTask 可设置为测试模式。在这种模式下,在刺激呈现期间单击注册的矩阵元素,强制选中相应的矩阵元素。

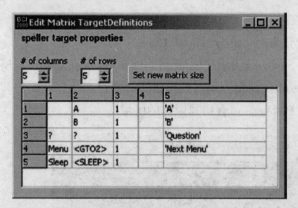

图 10.16 目标定义矩阵范例

5）暂停和睡眠

有两个允许用户瞬间或一段时间暂停 P3SpellerTask 操作拼写的命令：
< PAUSE > 和 < SLEEP >。为了把某些矩阵单元与拼写命令相对应，在目标定义
矩阵的相应矩阵元素的"输入"列中进行具体指定。< PAUSE > 拼写命令会暂停
P3SpellerTask：当系统暂停，矩阵会继续闪烁，但目标选择将被忽略，直到用户再次
选择 < PAUSE > 恢复系统运行为止。系统暂停时数据记录也暂停。状态栏的目标
文本行用于表明系统已暂停。对于一个具有 N 项（其中一个是 < PAUSE > ）的矩
阵，错误恢复已暂停的系统运行的概率是 $1/N$。平均来说，这种情况发生在 N 次选
择之后。第二个拼写命令，< SLEEP >，是一个更安全的选项。一旦进入睡眠状
态，系统接收两个连续 < SLEEP > 选择后才恢复，平均来讲，这种情况需要 N^2 次选
择才会发生一次。在睡眠模式下，状态栏的 goal text 行提示用户选择 < SLEEP >
指令两次来重启系统。

6）文本窗口

用来在一个文本窗口显示用户选择的文本内容。这项功能通过选择 TextWin-
dowEnabled 参数激活。该文本窗口只有在在线（自由拼写）模式下激活。窗口的
位置和大小，以及显示字体，可配置。当文本窗口已激活，除了 P3SpellerTask 文本
结果显示区域，任何用户选择的文本将显示在文本窗口。文本窗口将自动滚动。
两条拼写命令可在文本窗口中执行 Save 和 Retrieve 操作。当选中 < SAVE > 命令，
在文本窗口中的文本将被写入到一个文件，并从窗口中删除。文件的名称根据日
期和时间标记自动产生。通过 TextWindowFilePath 参数配置发送文件的目录。
< RETR >（检索）函数读取由用户保存的最新文件并将文本调到文本窗口中。文
本窗口的功能没有提供一个单独的 clear 命令以防止无意识的内容被删除。清除
文本窗口内容的唯一办法是使用 < SAVE >。

7）嵌套矩阵

为了在现实应用中具有更好的灵活性,可以指定多种拼写矩阵,并可以通过"嵌套"的方式遍历。例如,第一个矩阵中的一个单元可能绑定到另一个已经由用户选取并显示的矩阵中。这种特性可以用来设计一个基于菜单的用户界面。

要使用嵌套的菜单功能,需要执行下面的步骤:

（1）设置目标定义矩阵(图10.17)。为了保持向后兼容性和方便配置,应用程序将不支持通过从旧目标定义矩阵的一个单元向一个子矩阵的简单转换来实现嵌套功能。要定义嵌套矩阵,TargetDefinition 参数必须定义一列,并且把每个单元看作一个子矩阵。如果有多个列,应用程序将把它看作一个矩阵,并确保其每一个单元定义成一个值。

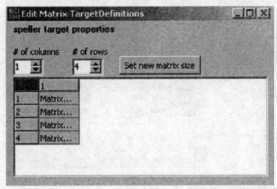

图 10.17　四个嵌套菜单的目标定义矩阵范例

（2）将每个单元转换成一个子矩阵。在图形用户界面中,右击各个单元,如图10.18 所示,从下拉菜单选择"转换为子矩阵"。

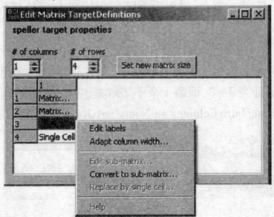

图 10.18　矩阵单元向子矩阵的转换

（3）配置单个子矩阵。嵌套矩阵中的每一个单元都是一个子矩阵（图
10.17），需要单独配置。在图形用户界面，单击一个子矩阵单元，将在另一个窗口
中显示该矩阵，如图 10.19 所示。如果需要显示图标或播放声音，每个子矩阵应配
置 3 列~5 列。

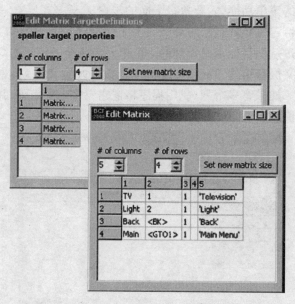

图 10.19 设置单个子矩阵

（4）启用菜单之间的转换。指定的控制代码（拼写命令）允许从一个矩阵向
另外一个矩阵转换。当选中一个项目时，为了切换到一个不同的矩阵，需要在
"Enter"栏输入＜GOTO#＞命令，用相应矩阵（菜单）的（1 型）指数替代"#"。使用
＜BACK（或＜BK＞）命令将返回到上一个菜单/矩阵（图 10.19）。

（5）每个嵌套菜单（矩阵）的行数和列数。每个子矩阵的行列数需要在 Num-
MatrixColumns 和 NumMa trixRows 参数中输入，用空格区分各子矩阵。图 10.20 显
示的是，前三个子矩阵为 2×2，而第 4 个子矩阵是一个 6×6 矩阵。对于一个单一
的（非嵌套）矩阵，NumMatrixColumns 和 NumMatrixRows 参数将只有一个输入项。

图 10.20 子矩阵的行和列

（6）选择所要显示的第一个菜单。在 FirstActiveMenu 参数中输入首先显示的菜单的索引（即应用程序启动时）。如果是非嵌套矩阵,这个参数应该保留它的默认值1。

10.8.4 按键滤波器

KeystrokeFilter 将 BCI2000 状态转换成模拟按键。模拟按键可以用来控制外部应用程序,该程序是安装在运行 BCI2000 应用模块的机器上状态值只使用低四位,并转化成十六进制表示相关的按键（0···9,A···F）。

10.8.4.1 参数

KeystrokeStateName：将要转换成模拟按键的 BCI2000 状态名称。

10.8.4.2 状态

任何现有的状态可能在 KeystrokeStateName 参数给出。

10.8.5 连接滤波器

连接滤波器提供了 BCI2000 应用连接协议的实施方案。通常,ConnectorInput 滤波器是应用程序模块的第一个滤波器,允许 BCI2000 状态发生外在变换,从而立即影响应用程序模块的行为。同样,ConnectorOutput 滤波器放置在应用程序模块最后,使得通过协议读取的状态信息能立即反映应用程序模块的状态改变。除了客户端示例代码和配置的例子外,连接器协议的具体说明见 6.4 节。

10.8.5.1 参数

ConnectorInputAddress：地址:端口组合,指定一个本地 UDP 套接字。地址可能是主机名或 IP 地址。输入数据从这个套接字读取。

ConnectorInputFilter：对于输入值而言,通过该参数的状态名称对消息进行过滤,状态名称是由一系列允许通过的名称组成的列表。为防止信号的消息被过滤,允许通过的信号单元及其目录被指定。如果允许通过所有的消息,输入一个星号（ ∗ ）作为唯一的列表项。

ConnectorOutputAddress：地址:端口组合,指定一个本地或远程 UDP 套接字。地址可能是主机名称或 IP 地址。对每一个数据块,使用应用连接器协议把所有状态变量和控制信号的值写入这个套接字。

10.8.5.2 状态

系统中的所有状态通过应用程序连接器协议传输。

10.9   工具

10.9.1   BCI2000 离线分析

"BCI2000 离线分析"是在时域和频域分析 BCI2000 数据的简单工具。要运行
此工具(其屏幕快照如图 10.21 所示),需要运行一个 Windows 2000 或更高版本的
系统。如果系统符合这一要求,请从图中选择一个。

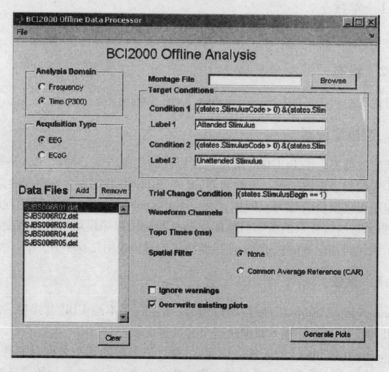

图 10.21 │ BCI2000 离线分析工具屏幕快照

10.9.1.1   Matlab V7.0 或更新版本的安装

(1)启动脚本。如果还未打开 Matlab,运行 BCI2000 离线分析的最简单方式
是双击 BCI2000/tools/OfflineAnalysis /文件夹中的 OfflineAnalysis. bat 文件。

(2)使用 Matlab 命令行。如果 Matlab 已经运行,使用"当前目录"管理器导航
到 BCI2000/tools/OfflineAnalysis /或者把绝对路径键入到 Matlab 窗口顶部的文本
框中。然后,在 MATLAB 命令提示符下键入 OfflineAnalysis 开始分析数据。

10.9.1.2 未安装 Matlab 的系统或 Matlab 版本低于 V7.0

未安装 Matlab 的离线分析：

(1) 从如下网页下载 Matlab Component Runtime（MCR）。

http://www.bci2000.org/downloads/bin/MCRInstaller.exe。

(2) 下载完成后，运行安装程序。

(3) 按照屏幕上的说明完成安装。

(4) 导航到 BCI2000/tools/OfflineAnalysis/。

(5) 双击 OfflineAnalysisWin.exe 开始分析数据。

10.9.1.3 参考

(1) 文件 > 保存设置。"保存设置"能够保存除"数据文件"、"忽略警告"和"覆盖现有绘图"之外的所有输入值。如果想要在实验间进行类似分析，此功能可能会特别有用。

(2) 文件 > 加载设置。"加载设置"允许用户加载设置文件，该文件是在此之前使用文件 > 保存设置创建的。

(3) 分析域。BCI2000 离线分析工具允许用户在频域或时域中分析数据。请注意，某些字段由于所选的域不同标记不同。具体来说，选择"频率"将使"频谱通道"和"拓扑频率"字段可用。选择"时间"将使"波形通道"和"拓扑时间"字段可用。此外，目标情况、实验变化情况和空间滤波器将被覆盖，以符合所选择的域。

频域分析将产生 3 种绘图，包括一幅特征图、一幅频谱图（每个指定通道拥有 1 个频谱）和多达 9 幅的拓扑图（每个拓扑指定频率 1 幅）。对于脑信号分析，最好的频域特征通常在 9Hz ~ 12Hz 或 18Hz ~ 25Hz 之间。详细信息请参阅用户手册 5.2.3 节。

时域分析将产生 3 种绘图，包括 1 幅特征图、1 幅波形图（每个指定通道拥有 1 个波形）和 9 幅拓扑图（每个指定拓扑时间 1 幅）。通常情况下，P300 特征出现在刺激出现后的 300ms。详细信息请参阅用户手册 5.3.3。

(4) 采集类型。采集类型允许用户确定采集 EEG 还是 ECoG 数据。

(5) 数据文件。任意数量的具有相同状态信息和同样多通道的 BCI2000 数据文件可以在一次运行中分析。如果要选择一个文件添加到即将分析的文件列表，只需单击添加按钮，选择所需的文件并点击打开。如果要多个同一个目录下的文件，单击任何一个想要添加的文件，然后按 Ctrl 键单击其他文件。选中所有需要的文件后，单击打开。如果文件已经被添加到数据文件的列表，重复上述操作可从不同文件夹选择其他文件追加到列表。

（6）剪接文件（可选）。如果需要绘制拓扑图,必须指定一个与选择的采集类型（即 EEG 或 ECOG）相一致的剪接文件。如果还没有剪接文件,可以使用 BCI2000 离线分析自带的"Eloc Helper"工具创建一个。也可以使用数据文件指定与 10 - 20 标准兼容的通道名称来替代剪接文件。在这种情况下,"BCI2000 离线分析"将使用对应于每个电极的通道名称来推断该电极的位置。

（7）目标情况。包括允许制定两种不同情况的四个字段。每种情况包含这种情况本身（即 Matlab 的语法布尔陈述）和相应的数据的标签（例如,"双手张合"）。为了比较两个不同的数据集,通常都会指定两种不同的情况。然而,偶尔也可能想要察看一个数据集来查验伪迹。在这种情况下,可以省略第二种情况（即包含情况和标签）。

（8）实验变化情况。它允许用户指定哪些情况表明实验过程中发生变化。这种情况必须是一个 Matlab 语法布尔陈述。

（9）频谱通道（可选）。注:此字段仅当选择"频域"作为分析域时才可用。如果想通过分析产生频谱图,必须在此字段中输入至少一个通道。可以用一个逗号分隔的列表（如"1,2,3"）或者空格分隔的列表（例如,"1 2 3"）指定多个通道。

（10）拓扑频率（可选）。注:此字段仅当选择"频域"作为分析域时才可用。如果想通过分析产生频谱图,必须在此字段中输入至少一个频率。可以用一个逗号分隔的列表（如"1,2,3"）或者空格分隔的列表（例如,"1 2 3"）指定多个频率。

（11）波形通道（可选）。注:此字段仅当选择"时间"作为分析域时才可用。如果想通过分析产生 P300 波形图,必须在此字段中输入至少一个通道。可以用一个逗号分隔的列表（如"1,2,3"）或者空格分隔的列表（例如,"1 2 3"）指定多个通道。

（12）拓扑时间（可选）。注:此字段仅当选择"时间"作为分析域时才可用。如果想通过分析生成拓扑图,必须在此字段中输入至少一个时间。可以用一个逗号分隔的列表（如"1,2,3"）或者空格分隔的列表（例如,"1 2 3"）指定多个时间。

（13）空间滤波器。用恰当的空间滤波器对数据滤波,可能会取得更好的效果。但是,根据数据的不同,最佳的滤波器也会有所不同。"BCI2000 离线分析"提供了常见平均参考（CAR）滤波器,如果大脑反应没有扩散到大量电极,这种滤波器常常是有用的。在处理数据之前,选择"常见平均参考"来使用 CAR 滤波器。另外,如果分析原始数据,选择"无"。

（14）忽略警告。为了得到一个准确的数据表示,建议数据分析在不低于 10

次实验的情况下完成。如果这一条件不能满足,"BCI2000 离线分析"将生成一个警告。通过检查此框可以忽略这个警告。如果数据文件和情况结果是在少于 3 次实验的数据基础上的特定组合,那么将显示一个错误的分析并停止分析。错误不能被覆盖。

(15)覆盖现有绘图。每次运行分析,可能生成三幅图。如果想比较不同次运行分析的结果,应确保该复选框未被选中。在这种情况下,"BCI2000 离线分析"将在新图框中产生绘图,而不是简单地从前面的分析中覆盖绘图。

10.9.1.4 疑难解答

(1)单击任何按钮导致"Undefined command/function..."和紧接着的"Error while evaluating figure"的错误。如果出现这个错误,有可能是因为启动"BCI2000 离线分析"之后更改了 Matlab 工作目录。必须确保工作目录与包含 OfflineAnalysis 脚本的目录相同。

(2)分析之后不产生拓扑图。为了生成拓扑图,必须指定一个剪接文件和至少一个拓扑频率(频域分析)或拓扑时间(时域分析)。如果正在运行的分析不能生成拓扑图,请确保已在这两个字段中输入相应的值。

(3)分析中没有产生任何频谱或波形图。要生成频谱或波形图,需要指定至少一个频谱通道(频域分析)或波形通道(时域分析)。如果分析没有生成这三幅图形中的任意一幅,请检查是否已在恰当的字段输入相应的值。

(4)已经输入一个有效的目标或实验变化情况,但却得到". 特定情况下…无效"的错误。状态语法是区分大小写的。例如,虽然 states. TargetCode 可能是一个有效的状态,states. targetcode 则不是。请仔细检查状态,以确保状态变量的大小写是正确的。

10.9.2 USBampGetInfo

此命令行工具显示所有连接的 g. USBamps,包括它们的序列号和连接到的 USB 端口。此外,这个工具读取所有支持带通和陷波滤波器配置。因此,这个工具可用于确定采用何种滤波器,以便适用于 BCI2000 中特定采样频率的分析。附录 A 可以看到屏幕输出的例子。

10.9.3 BCI2000 文件信息

BCI2000FileInfo:从 BCI2000 数据文件中显示和提取信息。它的主要窗口如图 10.22 所示,显示有关文件的二进制数据格式、采样率、样本块大小和更新率的信息。

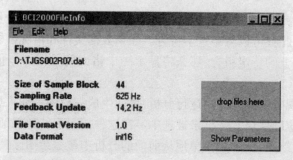

图 10. 22 | BCI2000 文件信息工具

10. 9. 3. 1　查看和保存参数

单击 *Show Parameters* 按钮打开一个参数编辑器,与操作员模块提供的参数编辑器相似。通过这个参数编辑器,所有的参数或所有参数的一个子集可以保存在 BCI2000 参数文件中。

10. 9. 3. 2　打开文件

除了"文件→打开..."菜单项,拖动文件到"把文件放在这里"区域或者拖到程序图标。

10. 9. 4　BCI2000 导出

BCI2000 导出(图 10. 23) 基于拖放式编辑的程序,将 BCI2000 ∗. dat 文件导入到 BrainProducts' VisionAnalyzer 程序,并将 BCI2000 ∗. Dat 文件转换成 ASCII 文件。

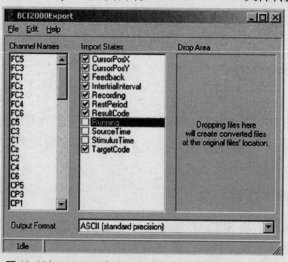

图 10. 23 | BCI2000 导出工具

10.9.4.1　一般用法

通过启动程序并使用当鼠标停在四个区域之一时出现的帮助提示来了解程序选项。

（1）输出格式。可以选择空间分隔，表格 ASCII 输出和 BrainVisionAnalyzer 导入格式。

（2）导入文件。如果需要转换文件，将它们拖放到主窗口内的"拖放区域"，或者拖放到其应用程序图标。使用以前的设置，"导入状态"列表中没有的 BCI2000 状态将被添加列表中并导入。

（3）排除状态。将 BCI2000 文件放到"导入状态"可以增加到"输入状态"列表。也可以在列表中不选一个状态的名称来阻止该状态的导入。

（4）通道名称。是一个字符串列表，以文件中出现的通道顺序排列。

10.9.4.2　ASCII 导出

ASCII 文件是一个用列通道和状态及用行样本的矩阵。第一行是列标题列表。

10.9.4.3　脑视觉分析器（BrainVisionAnalyzer）导入

为了最方便地通过 BrainVisionAnalyzer 使用 BCI2000Export，使用 VisionAnalyzer 的"编辑工作区…"命令来设置原始文件的文件夹到 BCI2000 数据文件夹。

BCI2000 状态映射到 BrainVision 软件所使用"标记"的不同概念。与每个样本写一次的状态不同，标记是时域范围，延长至任意时间间隔。在导入程序中，基本的思路是为每个状态运行创建一个标记对象，但不包括那种为零的状态运行。对于多位状态，状态值输入到标记名称中，如"目标代码 2"。

10.10　本地化

本地化：将消息从 BCI2000 的母语——英语——翻译成其他语言。这只是完成了实验对象可见的消息的翻译，对于操作员，消息将始终以英文显示。目前，本地化支持仅限于能够使用标准的 8 位字符表示的语言，即西方语言。

本地化是对一个应用的匹配字符串转换表，并使用可用的本地化版本进行替换。

LocalizedStrings：定义字符串翻译的矩阵参数。在这个矩阵中，列标签是母语（英文）版本的字符串；行标签是语言名称。需要翻译字符串时，该字符串与列标签相匹配,翻译将从目标语言相对应的行中取得。不显示为一个列标签的字符串将不会被翻译。此外, LocalizedStrings 中空字符串翻译条目不会被翻译。

添加翻译成另一种语言很简单,包括

- 将一行添加到 LocalizedStrings 矩阵。
- 用目标语言的名称对该行进行标记。
- 为标题栏显示的字符串进行翻译。

语言:本参数定义字符串翻译成的语言,如果它的值与 LocalizedStrings 行标签中的一个匹配,翻译便会从该行开始,否则,字符串就不会被翻译。默认值将使得所有字符串保留初始值。

10.11   P300 分类器

10.11.1   简介

P300 分类器是为 BCI2000 收集的数据进行诱发电位检测(例如,P300 的反应)从而进行构建和测试的线性分类器工具。它目前支持 P3Speller 和刺激呈现范例。该程序应用几种方法和算法生成线性分类器,最显著的是逐步线性判别分析(SWLDA)[2,3,5,6]。该程序所得出的分类器可以保存并作为一个参数文件(* . PRM)导入 BCI2000。此程序的最常见用途是在使用 P300 拼写模块时优化拼写性能。

不同于基于 Matlab 的使用 BCI2000 早期版本的 P300 图形用户界面,P300 的分类器是一个独立的不依赖于 Matlab 的可执行文件。其核心功能是用 C + + 语言编写,其图形用户界面用平台独立的 Qt 工具包编写。除了它的基于 GUI 的功能,P300 分类程序是完全脚本化的,也就是说,用户可以使用命令行执行程序和使用命令行参数进行参数化。P300 分类器主要实现两种功能。首先,它可以构建一个分类器对收集到的使用 BCI2000 P3Speller 或刺激呈现范例的数据进行分类。其次,它可以应用此分类器对收集到的使用这些模式的数据进行分类来确定分类器的性能。

10.11.2   界面

10.11.2.1   数据窗格

P300 的分类界面由三个窗格组成:数据、参数和详细信息。如图 10.24 所示的数据窗格允许用户:加载训练以及测试数据文件和一个 INI 文件;生成和应用特征权值;并且写入一个参数文件片断以进行在线测试。

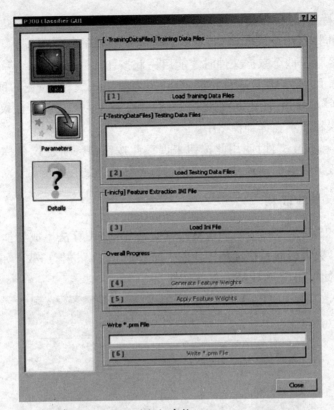

图 10.24 | P300 分类器的数据窗格

● 加载训练数据文件：使用此按钮为分类训练加载 BCI2000 数据文件。所选择的文件信息将显示在按钮的顶部。

● 加载测试数据文件：使用此按钮为分类测试加载 BCI2000 数据文件。所选择的文件信息将显示在按钮的顶部。训练和测试数据文件必须是兼容的。

● 加载 ini 文件：使用此按钮加载一个 INI 文件，其中包括分类器的所有参数。

[Initialization]

```
maxiter = 60 //maximum # features
penter = 0.1000 //probability for entering feature
premove = 0.1500 //probability for removing feature
spatial_filter = 1 //Spatial filter (1 = RAW; 2 = CAR)
decimation_frequency_Hz = 20 //decimation freq. in Hz
channel_set = 1 2 3 4 5 6 7 8 //select channel subset
Resp_window_ms = 0 800 //response window in ms
```

● 生成特征权值:在参数面板中正确设置所有参数之后,使用此按钮生成线性模型,即不同特点的权重(例如,不同的时间和通道的信号强度)。只有正确设置参数并已经存在训练数据文件时才能启用此按钮。一旦计算该特征权值,参数文件片断(＊.PRM)的建议名称将显示在"写入＊.prm 文件"按钮的顶部。

● 应用特征权值:使用此按钮来测试存储在程序中的当前特征权值的分类精度。分类结果将显示在详细窗格中。

● 写入＊.prm 文件:使用此按钮来保存此按钮顶部所建议名称的参数片段文件。该片段可以被加载到 BCI2000 以进行特征权值的在线测试。

10.11.2.2　参数面板

如图 10.25 所示的参数面板包含所有使用 SWLDA 算法生成特征权值的所有参数。这些参数可以在数据面板中使用"加载 ini 文件"进行加载。如果参数正确配置,在数据面板启用 生成特征权值 按钮。

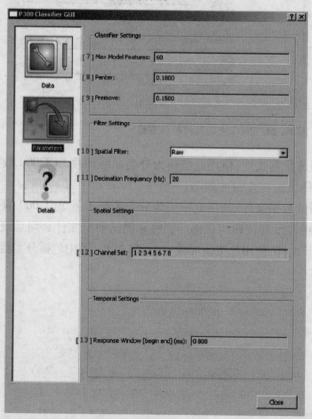

图 10.25｜P300 分类器的参数面板

- 最大模型特征:用于指定 SWLDA 算法中特征的最大数量。只可以输入一个值进行评估。默认值是 60。
- P 输入(Penter):用于指定模型中所包含变量的最大 P 值,默认值是 0.1。P 输入必须少于 P 删除,并且 0 < P 输入 < 1。只可以输入一个值进行评估。
- P 删除(Premove):用于指定将要从模型中删除的变量的最大 P 值,默认值是 0.1。P 删除必须大于 P 输入,并且 0 < P 删除 < 1。只可以输入一个值进行评估。
- 空间滤波器:选择空间滤波器应用到训练数据。从下拉菜单中选择"RAW"或"CAR"。"RAW"表示没有使用空间滤波器,"CAR"则使用数据文件中所有的通道实现一个常见平均参考滤波器,而不仅是在指定的通道集中指定通道。默认的空间滤波器是"RAW"。
- 抽取频率:用来指定数据的时间抽取频率,以 Hz 为单位。只可以输入一个值进行评估。将此参数设置成数据参数文件所使用的采样率,则无抽取。抽取频率越低,特征空间越小。
- 通道设置:用来指定将要用于创建特征权值的通道设置。指定的通道必须是在训练数据文件中包含的通道子集。
- 响应窗口:用来指定将在分析中使用的刺激的开始和结束时间(以 ms 定义)。根据数据采样率,这两个值将自动转换为样本。只有一个数据窗口可以输入,并进行评估。开始时间必须小于结束时间。

10.11.2.3　详细面板

详细面板(图 10.26)显示有关所选定的 BCI2000 训练数据文件和分类结果的信息。

- 采样率:显示训练数据文件的采样率,以 Hz 为单位。
- 通道数量:显示训练数据文件中所包含的通道总数。
- 分类:显示用于生成特征权值的分类算法。当前,P300 只支持 SWLDA 分类算法。
- 应用:显示范例的类型。当前,支持"P3SpellerTask"和"StimulusPresentationTask"。
- 解读模式:显示范例中使用的解读模式。该模式可以是"复制模式"或"在线免费模式"。
- 持续时间:显示所有训练数据文件的持续时间,以 s 为单位。

文本显示展示训练和测试数据文件的分类结果。

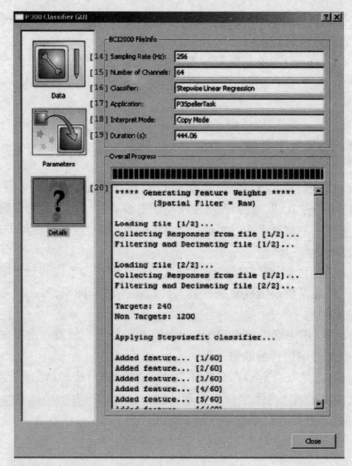

图 10.26 P300 分类器中的详细面板

10.11.3 参考

P300 分类器训练和测试一个分类器（SWLDA）来检测大脑的诱发电位信号。分类器训练过程包括以下步骤。

- 加载 BCI2000 数据文件。
- 获取 P300 响应。
- 为一个使用 SWLDA 的线性模型产生特征权值。
- 应用线性分类器来获得分数。
- 根据给定的应用程序解读分数。

除了 P300 分类器将使用根据训练数据集推导出的线性模型之外，测试过程包括相同的步骤。这些步骤具体描述如下。

- 步骤 1：加载 BCI2000 数据文件。使用 P300Classifier 的第一步是加载训练和测试数据文件，检查这些 BCI2000 数据文件的兼容性和一致性。如果所有的训练数据文件都是有效的，系统将"生成特征权值"按钮激活，并且每个文件是浅绿色。否则，"生成特征权值"按钮未激活，每个文件是黄色或粉红色。因此，绿色、黄色和粉红色的颜色分别表示文件是有效的、有可能是有效的但是有一个与另一个文件不匹配或者是无效的。

- 步骤 2：获取 P300 响应。从 BCI2000 训练和测试数据文件中提取信号、状态和参数。使用参数面板中指定的"响应窗口"和"通道设定"从大脑信号中提取分类特征。这里采用移动平均滤波器（MA）以"直接 II 型转换"的形式实现。MA 滤波器属于有限脉冲响应（FIR）滤波器类，并类似于低通滤波器的方式工作以去除信号中的高频成分。

- 步骤 3：利用逐步线性判别分析（SWLDA）为线性模型生成特征权值。SWLDA 算法应用多元线性回归和迭代的统计过程推导线性模型，该模型与输入特征集（即已过滤的大脑响应）和输出标签（即不论大脑响应中是否会出现预料中的 P300 响应）相关。因此，这个过程只选择那些对于区分是否具有 P300 响应的大脑响应信号而言重要的大脑信号特征。

- 步骤 4：应用线性分类器来获取分数。用基于包含在最终线性模型和相应特征权值的变量计算分数。

- 步骤 5：解读分数。按照给定的应用解读分数。当前，P300 分类器支持无论是 BCI2000 P300 拼写还是 StimulusPresentation 模块。

10.11.4　指南

（1）生成特征权值的步骤如下。

- 在数据面板中单击加载训练数据文件按钮。

- 从对话框中选择所需的 BCI2000 ∗. dat 文件进行训练。可以从同一个模式的不同实验选择文件，但必须包含一致的参数。每个训练数据文件根据预先设定的颜色编码方案进行编码。只能从一个目录中选择文件，因此，在使用 P300Classifier 之前，所需的训练数据文件保存在同一个目录。

- 一旦正确设置参数面板，生成特征权值按钮将会激活。单击这个按钮来执行分析并生成特征权值。在数据和详细面板中的"整体进度"栏将显示 SWLDA 进度条。"详细"面板的文本窗口中将显示分类结果。每次单击生成特征权值按钮，成功完成分析，将生成一组新的特征权值集合。

- 使用不同的参数将训练过程重复多次。

- 训练完成后生成特征权值，建议在保存参数文件片段（∗. PRM）之前在独立数据（即测试数据文件）上进行测试（交叉验证）。此外，在写入 *. prm 文件按钮的上方还有一个建议的参数文件片段名称，这个按钮能够用于保存参数文件，以建议的名字或指定的名称。

（2）测试 SWLDA 分类的步骤如下。

数据面板包含应用特征权值按钮，用来测试一个或多个 BCI2000 测试数据文件所生成的特征权值。应用特征权值测试数据文件必须按照以下的步骤。

● 一旦生成特征权值，测试数据文件存在并已得到验证，启用应用特征权值按钮。如果没有加载测试数据文件，必须单击这个按钮来加载数据文件。每次单击按钮便从同一个目录中选择一个或多个 BCI2000 *. dat 文件作为一个"测试文件组"。所选文件可以来自于同一模式的不同时间段，但是必须包含一致的参数。每个训练数据文件根据预先设定的颜色编码方案进行编码。训练数据文件用来产生当前的特征权值集。所有选定的测试文件应该具有与训练数据文件相同的采样率和电极分布位置。

● 选定所有测试数据文件之后，单击应用特征权值按钮来进行分析。分类结果显示在细节面板的文本窗口。显示在数据和细节面板的"整体进度"栏会显示分类进度。

● 在评估分类结果之后，从当前时间段得到的 *. prm 文件能够通过单击写入 *. prm 文件按钮进行保存。

10. 11. 5　示例

在这个例子中，介绍如何从 BCI2000 训练数据文件 eeg3_1. dat 计算特征权值，这个文件是由 P300 拼写模式创建并由 BCI2000 分布提供的。

首先，单击加载训练数据文件按钮。注意，当训练数据文件是浅绿色时，表明设置正确。请记住，分类算法将应用这种训练数据文件进行训练。

参数面板中的参数是默认设置的。为说明起见，将会创建一个具有下列内容的 INI 文件，并使用加载 Ini 文件按钮加载该文件。

```
[Initialization]
    maxiter = 60
    penter = 0.1000
    premove = 0.1500
    spatial_filter = 2
    decimation_frequency_Hz = 20
    channel_set = 1 2 3 4 5 6 7 8
    Resp_window_ms = 0 800
```

一旦加载了初始参数并正确设置，生成特征权值按钮将激活，每个参数字段都是浅绿色。可以随时更改参数的任何字段。但是,如果给定的参数是无效的,相应的参数字段会变成粉红色。一旦参数正确配置,将通过生成特征权值按钮生成特征权值。训练数据文件和分类进度的细节在细节面板中显示。一旦分类器经过BCI2000 训练数据文件的训练,下一步将测试 BCI2000 测试数据文件 eeg3_2.dat 导出的特征权值。加载测试数据文件按钮,此文件被加载到 P300 分类程序。请注意,测试数据文件设置正确时,文件呈现浅绿色。由于测试数据文件是有效的,应用特征权值按钮启用。应用特征权值按钮。训练数据文件(没有测试数据文件)和分类进展的详细资料显示在细节面板中。现在,可以通过写入 *. prm 文件按钮,用写入 *. prm 文件字段中所建议的名称写一个参数文件片断 *. prm。这个参数文件片断能够导入 BCI2000 以在线测试特征权值。注:每次在参数面板中改变任何参数,禁用应用特征权值按钮。要启用它,必须生成新的特征权值。

参 考 文 献

[1] Donchin E, Spencer K M, Wijesinghe R. The mental prosthesis: assessing the speed of a P300 – based brain – computer interface. IEEE Trans. Rehabil. Eng. ,2000, 8(2): 174 – 179.

[2] Draper N, Smith H. Applied Regression Analysis. New York: Wiley – Interscience,1998.

[3] Embree P, Kimball B. C Language Algorithms for Digital Signal Processing. New York: Prentice – Hall,1991.

[4] Farwell L A, Donchin E. Talking off the top of your head: toward a mental prosthesis utilizing event – related brain potentials. Electroencephalogr. Clin. Neurophysiol. , 1988,70(6): 510 – 523.

[5] Press W, Flannery B, Teukolsky S, et al. Numerical Recipes in C: The Art of Scientific Computing. Cambridge: Cambridge University Press, 1992.

[6] Ralson A, Wilf H. Mathematical Methods for Digital Computers. New York: Wiley,1967.

[7] Taylor D M, Tillery S I, Schwartz A B. Direct cortical control of 3D neuroprosthetic devices. Science,2002, 296: 1829 – 1832.

[8] Wolpaw J R, McFarland D J. Control of a two – dimensional movement signal by a noninvasive brain – computer interface in humans. Proc. Natl. Acad. Sci. , USA,2004, 101(51): 17849 – 17854.

第 11 章　贡献模块

　　任何一个 BCI2000 发布都由核心模块和贡献模块两个部分组成。核心部分（如模块或者滤波器）由 BCI2000 工作组进行维护，并对这些部件及其相关文件进行优化。贡献部分由 BCI2000 用户创建。由于无法经常复制这些部件的运行环境（尤其是针对那些应用其他数据采集设备的贡献源模块），因此，无法强制所有的核心部分都处于同一质量水平。下面的章节将介绍这些贡献的模块。

11.1　源模块

11.1.1　Amp Server Pro

　　AmpSeverProADC 部件支持 Electrical Geodesics Incorporated（EGI）生产的包含 EGI's TCP/IP – based Amp Server Pro（ASP）协议客户端设备。因此，它可以将 BCI2000 与一个由 ASP 服务器管理的 EGI 放大器连接起来。

11.1.1.1　作者

Joshua Fialkoff, Wadsworth Center, New York State Department of Health, 2008.

11.1.1.2 使用 Amp Server Pro 源模块

Amp Server Pro 能够同时与多个放大器一起工作。在使用之前,必须确保至少其中的一个放大器连接到服务器。如果没有放大器连接到服务器,那么 Amp Server Pro 软件将模拟一个放大器。如果选择使用模拟放大器,那么将会在所有通道上看到平滑的正弦波信号。找到 Amp Server Pro 文件,双击文件名为 Amp Server 的文件,便可启动 Amp Server Pro。

11.1.1.3 编译 Amp Server Pro 模块

由于 Amp Server Pro 源模块是一个贡献模块,用户可以下载贡献组件的二进制分布,或者对使用前的源代码进行模块编译。用户需要下载 Borland C + + Builder v6.0 或更高版本的编译环境,若要继续,请参照下面的介绍:

(1) 转动到文件夹 BCI2000/src/contrib. /SignalSource/AmpServerPro。

(2) 双击 AmpServerPro. bpr,在 Borland C + + Builder 环境中打开 Amp Server Pro Project 文件。

(3) 从文件菜单中,单击 Project→Make AmpServerPro。

11.1.1.4 参数

AmplifierID:Amp Server Pro 能够同时处理多个放大器,BCI2000 处理这些放大器的其中一个。如果只有一个放大器连接到服务器,用户就能够输入 auto 并允许 BCI2000 自动决定放大器 ID。如果连接了多个放大器,用户必须在 $0 \sim N - 1$ 个数字中选取一个数字作为放大器 ID,其中,N 是所连接放大器的数目。

CommandPort:命令层通信的输出端口数目。除非用户能够通过 Amp Server Pro 的参数明确设置输出端口的数目,否则,采用默认值为 9877。

NotificationPort:通知层通信的输出端口数目。除非用户能够通过 Amp Server Pro 的参数明确设置输出端口的数目,否则,采用默认值为 9877。

ServerIP:运行 Amp Server Pro 软件的计算机 IP 地址(如,192.168.0.3)。

StreamPort:数据线程端口数目。除非用户能够通过 Amp Server Pro 的参数明确设置输出端口的数目,否则,采用默认值为 9877。

11.1.1.5 状态

无。

11.1.2　BioRadio

这个部件支持 Cleveland Medical Devices 生产的 BioRadio150 EEG 放大器。

11.1.2.1　作者

Yvan Pearson – Lecours。

11.1.2.2　安装

确保 BioRadio 源模块所属文件夹中包含 BioRadio150DLL. dll 文件。

11.1.2.3　参数

COMPort：BioRadio150 COM 端口。COMPort = 0 表示设置的端口为 AUTO，COMPort = 1 ~ 15 中的一个数，表示设置成相应的 COM 端口（例如，1 对应于 COM1,2 对应于 COM2,等等）。

ConfigPath：BioRaio150 参数文件的路径。

VoltageRange：BioRadio150 电压范围：
- 7 = ±100 mV。
- 6 = ±450 mV。
- 5 = ±25 mV。
- 4 = ±412 mV。
- 3 = ±6 mV。
- 2 = ±3 mV。
- 1 = ±1.5 mV。
- 0 = ±750 μV。

11.1.2.4　状态

无。

11.1.3　BioSemi 2

此源模块支持 Biosemi 设备的数据采集。

11.1.3.1　作者

Samuel A. Inverso (Samuel. inverso@ gmail. com), Yang Zhen, Maria Laura Blefari, Jeremy Hill and Gerwin Schalk。

11.1.3.2 安装

将 Labbiew_DLL. dll 文件复制到工作文件夹。

11.1.3.3 参数

在 2.0 版本中(svn revision 2189),参数 PostFixTriggers 和 TriggerScaleMultiplier 已经删除,前者由 TriggerChList 替代,后者通过设置 SourceChGain 的相应单元来模拟。

AIBChList:表示采集哪个模拟输入框通道的检索表(表单元值的取值范围为 1~32)。采用默认值时,不采集任何数据。AIB 通道紧接着 EEG 通道接入。

EEGChList:将要采集数据的 EEG 通道的检索表。如果检测表中有 n 个检索值,那么第一个 n 通道将是 EEG 通道。

TriggerChList:这个参数替代先前版本中的 PostfixTriggers 参数,它给出了说明哪一个位触发通道在 EEG 和 AIB 通道之后接入的指数列表(取值范围为 1~16)。默认情况下,16 个值全部接入。

11.1.3.4 状态

BatteryLow:当硬件报告低电源状态时,设置为 1。

MK2:当连接到一个 MK2 时,设置为 1。

MODE:与 Biosemi 层相关的模块。

11.1.3.5 已知问题

在每次启动 BCI2000(2190 校订)时,单击 Set Config 超过一次,结果呈现不稳定放大状况。

11.1.4 测量计算

DAS_ADC 组件处理测量计算的 A/D 板(之前称为计算机板)。

这个 ADC 已经通过测试,并证明能够在 InstaCal 程序演示的下述板中工作:

DEMO – BOARD

PC – CARD – DAS16/16

PCM – DAS16S/16

CIO – DAS1402/16

PCIM – 1602/16

11.1.4.1   作者

Jürgen Mellinger（juergen. mellinger@ uni – tuebingen. de）。

11.1.4.2   安装

DAS 源模块使用测量计算系统的驱动和配置文件。如果有一个错误信息警告加载 DLL 失败,那么用户需要从 http://www. measurementcomputing. com（免费）下载并安装最新版本的 InstaCal,并应用这个软件设置板卡参数。

为使源模块正常工作,用户必须从包含源模块的文件夹中删除 cbw32. dll 和 cb. cfg 文件。另外,删除所有命名为 cbw32. dll 和 cb. cfg 的文件,除了 InstaCal. exe 所在的文件夹（通常是 C:/mmc 或者 C:/Program Files/mmc）中所包含的这两个文件也是一个不错的选择。

11.1.4.3   参数

ADRange A/D:输入电压取值,如 – 5 5,或 0 10。只支持某些取值,取决于应用的 A/D 板。

BoardNumber：InstaCal 程序显示的 A/D 板数目。

11.1.4.4   状态

无。

11.1.5   数据翻译板

DTADC 组件通过数据转换支持 D/A 转换板。

11.1.5.1   作者

Gerwin Schalk & Dennis McFarland。

11.1.5.2   安装

DTADC 支持多连接板。为连接多层板并使连接的 BCI2000 系统拥有至多 128 通道:

- 购买两个 DT3003 板和两个 DT730 配线架。
- 按图 11.1 所示连接。

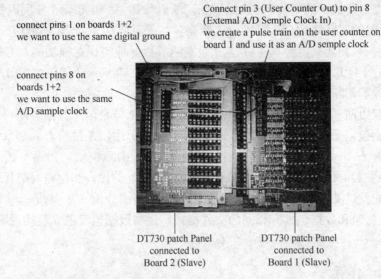

connect pins 1 on boards 1+2
we want to use the same digital ground

Connect pin 3 (User Counter Out) to pin 8
(Extemal A/D Semple Clock In)
we create a pulse train on the user counter on
board 1 and use it as an A/D semple clock

connect pins 8 on
boards 1+2
we want to use the same
A/D sample clock

DT730 patch Panel
connected to
Board 2 (Slave)

DT730 patch Panel
connected to
Board 1 (Slave)

图 11.1 具有标记连接的 DT730 配线架照片

- 在 BCI2000 中，设置 BoardName 为板 1 的名称，BoardName2 为板 2 的名称，SoftwareCh 为将要获取的通道的总数，SoftwareChBoard1 为将要从板 1 获取的通道的数目，SoftwareChBoard2 为将要从板 2 获取的通道的数目。
- （SoftwareChBoard1 ＋ SoftwareChBoard2 必须等于 SoftwareCh；SoftwareCh-Board2 必须小于 SoftwareChBoard1）。

11.1.5.3 参数

BoardName：AD 板名称。
BoardName2：第二块 AD 板名称，如果没有第二块 AD 板，则为‘none’。
SoftwareChBoard1：板 1 的通道数量，只有一个板时忽略。
SoftwareChBoard2：板 2 的通道数量，只有一个板时忽略。

11.1.5.4 状态

无。

11.1.6 Micromed

此模块通过 TCP/IP 从 Micromed 数据采集单元驱动 System PLUS Rev. 1.02.1056 以读取数据。

由于从采集单元读取数据的 BCI 源模块是伺服器，因此，源模块必须在采集单

元存储数据之前处于监听状态(数据只在记录时传递)。Micromed 分别以每秒 64
和 32 数据包的速度向 SD 和 LTM 传递数据。如果计算机运行 BCI2000 读取数据
的速度过慢,数据连接就会被重置,2.0 版本能够很好地实现此项功能。必须确保
SystemPlus 为 1.02.1091 版本或以上,在这个版本中,Micromed 能够在 BCI2000 发
生故障时顺利切断 TCP/IP 连接。

　　数据包由两部分组成:第一部分是头数据,第二部分是信息数据。用户发送的
第一个数据包是 EEG Micromed 脑电图追踪的头数据,用以条件检查。如果一条说
明短信加到 SystemPlus 中,表明一个说明数据包发送到源模块。如果发送一个数
字触发,触发器的代码以两种方式发送到源模块:完整的代码和位掩码的代码。这
样就有可能发送某一情况的信息和其他信息,以便离线分析。与 Mciromed 跟踪文
件相类似,头包和数据包具有相同的文件格式。说明数据包发送完整的说明缓冲,
并将 Micromed 样本数目写在一个文本文件中。

11.1.6.1　作者

Erik J. Aarnoutse, Rudolf Magnus Institute, UMC Dept. Psychiatry, Utrecht, The
Netherlands, May 19, 2006。

11.1.6.2　安装

　　想要通过 TCP 激活数据传输,需要采集单元的注册表项添加三项注册码
HKEY_CURRENT_USER/Software/VB and VBA Program Settings/Brain Quick -
System 98/EEG_Settings:

　　(1) tcpSendAcq 是一个字符型注册码,设置为 1 时激活通过 TCP 的数据传递,
为 0 时停止。

　　(2) tcpServerName 是一个字符型注册码,代表计算机的 IP 地址,以接收脑电
图数据。

　　(3) tcpPortNumber 是一个字符型注册码,代表所使用的端口号(例如,
"5000")。

11.1.6.3　参数

ConditionMask:位掩码。数字触发代码加上条件码相当于没有额外信息的条
件。当不使用时,设置为 0xFF。

NotchFilter:电源线陷波滤波器。

- 0:禁用。
- 1:50 Hz。

- 2：60 Hz。

PacketRate：每秒的 TCP/IP 数据包数量。LTM 32，SD 64。

Priority：CPU 的优先级。默认 = 1，如果 CPU 负载太重则设置更高的值。

SampleBlockSize：BCI2000 系统中同一时刻发送样本的数量。如果 SampleBlockSize 是 SamplingRate/64 的倍数，数据包被合并。通过这种方法，BCI 系统在小于每秒 64 sampleblocks 时可以运行，从而节省了 CPU 功耗。

SamplingRate：由数据采集单元设置的采样率。

ServerAddress：地址和 Micromed 的 BCI 服务器端口。端口号可以在数据采集单元通过更改注册表 tcpPortNumber 的值进行设置。

SignalType：数字式输出信号。

- 0：int16。
- 3：int32。

其他值都是不允许的。0 表示使用 Micromeds 16 位模式，3 表示 22 位模式：只使用低于 22 位的模式，但数据包是 32 位整数。

SourceCh：数字化和存储通道的数量必须与采集单元的通道数量匹配。

11.1.6.4 状态

无。

11.1.7 模块化脑电图

这个部件用来支持建立在 ModularEEG 概念的设备。该 ModularEEG 是 GPL 授权的由 Joerg Hansmann 设计的脑电放大器。该原理图、印制电路板和设计文件于 2002 年公布到 OpenEEG 社区。该 ModularEEG 是一个低成本的脑电图系统，由以微控制器为基础的数字化板和 1 个、2 个或 3 个模拟板组成。每个模拟板均可捕获两个脑信号。因此，模块化脑电图可以传输 2 个、4 个或 6 个脑电图数据通道，通过串行 RS232 连接向主机 PC 或 PDA 传送数据。可使用 USB 转换器，共同波特率是 56，700b/s 或 115，200b/s。一定要注意隔离，为用户提供的安全屏障只有 5kV，这不符合医疗设备的标准。因此，ModularEEG 可能不会被用于临床应用。有关详情及滤波器的规格请参阅技术文件（http://openeeg. sourceforge. net/doc/modeeg/modeeg_design. html）。

该 ModularEEG 有一个 10 位的 A / D 转换器并以高字节/低字节格式传输通道脑电数据。增益可以在模拟板电位器上调整设定。一个 14Hz 250μV 的校准信号是由数字单位提供的。当校准设置为 ± 250μV 时，值 0 对应于 - 250μV，值 1024 对应于 250μV。BCI2000 信号处理或离线分析例程可以派生，同任何其他

BCI2000 源模块一样，样本值以 μV 为单位从每个存储样本(SourceChOffset)中减去，并乘以 SourceChGain 每个通道的作用。

11. 1. 7. 1　作者

- Christoph Veigl, RORTEC – Institute, Technical University Vienna, Austria.
- Gerwin Schalk, Brain – Computer Interface Research and Development Program, Wadsworth Center, New York State Department of Health.

11. 1. 7. 2　安装

11. 1. 7. 3　参数

ComPort：ModularEEG 所连接的串行端口数量。

Protocol：传输协议。目前，针对脑电图设备的数据传输有三种不同的协议。

- 最早和最兼容的协议称为 P2。它传输所有 6 个通道(即使在只有两个连接的情况下)，并使用单向方式与主机计算机通信。P2 的协议兼容其他脑电图应用，如 Electric Guru，一个 P2 数据包由 17 个字节组成。

- P3 是一个较新的、更紧凑的格式。一个六通道数据包有 11 个字节，使只有四个或者两个通道的传输成为可能。有两个固件版本处于实验阶段。相应的协议是双向的，并有可能发送命令帧到 ModularEEG。

SampleBlockSize：每个数字化块的大小。

SamplingRate：脑电图数据采样率。目前，该值固定在 256Hz。新的固件版本将支持采样率调整。

SimulateEEG：当这个选项被选中时，产生正弦波，而不是使用实时脑电图数据。正弦波的幅度和频率可通过移动鼠标调整。

SourceCh：数字通道(2,4 或 6)。

11. 1. 7. 4　状态

无。

11. 1. 8　国家仪器(National Instruments)

此模块支持来自美国国家仪器 A/D 转换电路板的数据采集。使用国家仪器的 6. 9. x 驱动程序测试，不适用于新的 MX 的驱动程序。

11. 1. 8. 1　作者

Gerwin Schalk, Wadsworth Center, NYSDOH.

11.1.8.2   安装

11.1.8.3   参数

BoardNumber 使用 NI – ADC 电路板的设备号。

11.1.8.4   状态

无。

11.1.9   国家仪器(National Instruments)MX

NIDAQ_MX 源模块支持来自美国国家仪器 A/D 转换电路板的数据采集,该电路板使用 MX 驱动程序版本8.5 或更高版本。该驱动程序还支持一些传统 NIDAQ 电路板,请参阅官方 NI 文档(NI DAQmx 的 8.5 自述),该文档包含了完整的支持板列表。

BCI2000 兼容的源模块(NIDAQmx. exe)可以用来代替任何其他源模块,已经通过 DAQPad 6015 USB 接口测试。除了标准的参数(即 SampleBlockSize,SamplingRate,SourceCh),这个测试版驱动程序被限制为 16 个通道,而终端配置是固定为双极范围为 ± 5 的"未引用的单端"。这些设置可能会在编译时发生改变,所有的配置指令安插在 ADConfig( )函数中。请参阅硬件手册以获取支持设置。

11.1.9.1   作者

Giulio Pasquariello, Gaetano Gargiulo, ©2008 DIET Biomedical unit, University of Naples "Federico II".

11.1.9.2   安装

包括项目中的 nidaqmx. lib 文件。这个库文件已通过 Borland C Builder 的目录所包含的 OMF omf2coff DOS 实用程序从 OMF 转换到 COFF,并包含在 ZIP 文件中;原来的 NIDAQmx 库也包括在内,已更名为 NIDAQmx_orig. lib。

11.1.9.3   参数

BoardNumber 使用 NI – ADC 电路板的设备号。

11.1.9.4   状态

无。

11.1.10   Neuroscan

该 NeuroscanADC 组件实现了 TCP/ IP 的客户端 Neuroscan 采集协议。因此，它可能被用来连接 Neuroscan BCI2000 脑电图系统。

NuAmps/SynAmps 是 Neuroscan 公司的脑电图记录系统，在临床上被广泛使用。本节介绍此支持的两个组成部分：一个是 BCI2000 兼容的源模块（Neuroscan. exe），另一个是命令行工具（neurogetparams）。这些组件说明如下，并已通过 Neuroscan 采集版本 4.3.1 测试。

11.1.10.1   使用 Neurogetparams 模块

BCI2000 兼容的源模块 Neuroscan. exe 可以代替任何其他来源的模块。除了标准参数（即 SampleBlock（ – sige）、SamplingRate、SourceCh），它只要求一个 Neuroscan 特定的参数（ServerAddress）来定义 IP 地址（或主机名）以及获取服务器的端口号。一个适当定义的例子是 localhost: 3999。在开始 BCI2000 之前，用户需要先采集数据，单击右上角的 S 符号（以使服务器工作），并在任意端口上启动服务器。请注意，默认情况下，采集数据建议采用端口 4000，这是由 BCI2000 使用的端口。用户也可以使用端口 3999 代替。一旦服务器运行，便可以启动 BCI2000。至关重要的是，BCI2000 中的某些参数（如通道数）必须与数据采集中的设置一样。用户可以使用命令行工具获得这些设置，具体操作将在下面部分中描述。在每次采集设置改变时，此命令行工具可以创建一个参数文件片段，并在现有的参数文件的顶部加载。

11.1.10.2   作者

Gerwin Schalk, Wadsworth Center, New York State Department of Health, 2004。

11.1.10.3   参数

ServerAddress：*Neuroscan* 采集服务器的地址和端口，表现为地址：端口的格式。

11.1.10.4   状态

NeuroscanEvent1 将事件信息编码并以 *Neuroscan* 采集协议发送的一个 8 位状态。

11.1.10.5   Neurogetparams 命令行工具

此命令行工具读取从 *Neuroscan* 采集服务器的系统设置，显示在屏幕上，并创建一个 BCI2000 参数文件片段。它可用于如下：neurogetparams －地址本地主机：3999 － paramfile test. prm（在使用此工具之前，必须启动采集服务器）。一旦 BCI2000 配置正确，这个参数文件片段需要对现有配置的顶部进行加载，以确保设置匹配。如果需要在采集过程中修改设置，只需要重复这一过程（如通道的数量或放大倍数）。此工具的输出显示的例子如附录 B 所示。

11. 1. 11　BrainAmp 系统

BrainAmp 脑电图系统（Brain－Products，Inc.）与 BCI2000 接口的源模块，使用 TCP/ IP 为基础的 BrainAmp RDA 的接口。

11. 1. 11. 1　作者

Jürgen Mellinger（juergen. mellinger@ uni－tuebingen. de），Thomas Schreiner（thomas. schreiner@ tuebingen. mpg. de），Jeremy Hill。

11. 1. 11. 2　参数

HostName：所连接的主机名的 IP 地址，通常是本地主机（localhost）。

SampleBlockSize：同一时间传送的样本数量。VisionRecorder 每 40ms 发送 1 个数据块，所以 SampleBlockSize 的值应该等于 SamplingRate × 40ms。

SamplingRate：VisionRecorde 方案配置的采样率。

SourceCh：数字化和存储通道的数量。这必须与 *VisionRecorder* 方案设置一致，对一个持有标记信息的额外通道增加 1。

11. 1. 11. 3　状态

无。

11. 1. 11. 4　getparams 工具

getparams 是一个命令行工具，使人们有可能从运行 BrainAmp 的 VisionRecorder 的主机中获取合适的源模块的参数。

在目标主机上，启动 VisionRecorder 方案，检查 Configuration － > Preferences 中的 RDA 是否启动，并在运行带有主机 IP 地址作为唯一参数（如果省略，默认为本地主机）的 getparams 之前单击监视器（眼睛）按钮。

将结果输出到一个以后可以加载操作员模块的配置对话框的文件中，输出重定向到一个附加的命令：

getparams localhost ＞ myparamfile. prm

11.1.12 塔克 – 戴维斯(Tucker – Davis)技术

TDTclient：源模块通过塔克—戴维斯技术(TDT)的 RX5 Pentusa 系统或 RZ2 系统与 BCI2000 接口。TDT 系统具有多通道(多达 64 个或更高级别)的高数据传输速率(超过 1 GB／s)，允许高密度 EEG，ECoG，甚至单机记录。该系统是高度可配置的，允许用户使用数字滤波和硬件复杂分析。

目前，TDTclient 支持以下系统配置。

- TDT Pentusa/RX5 OR。
- TDT RZ2。
- GBIT or Optibit。
- 安装的 ActiveX 库(从源代码安装)。

目前不支持过时的美杜莎系统。

11.1.12.1 作者

J. Adam Wilson (jadamwilson2@gmail.com)，Department of Neurosurgery, University of Cincinnati。

11.1.12.2 安装

最新的 TDT 驱动需要从 www.tdt.com 下载并安装。此外，一定要确保硬件的微码更新到最新版本，否则 TDT 源模块将无法工作。

目前，TDT 的 ActiveX 库必须安装在本地计算机上才能使用 TDTclient，可从 www.tdt.com 下载，需要密码来安装。

11.1.12.3 参数

CircuitPath：电路路径是所使用的 TDT ＊.rco 或 ＊.rcx 文件的路径。几个文件包括以下内容。

- chAcquire64.rco － 至多 64 个通道的 RX5 系统；需要 5 个处理器的系统。
- chAcquire16.rco － 至多 16 个通道的 RX5 系统；需要 2 个处理器的系统。
- chAcquire64_RZ2 － 至多 64 个通道的 RZ2 系统。

一个 8 个处理器的 RZ2 系统应当具有记录 256 个通道的能力，但是目前它不支持。

DigitalGain：如果在面板上使用数字输入，这些输入必须从一个数字值(0 或 1)转换到一个包含此比例因素的浮点值。

FrontPanelList：收集前板组件的列表。RZ2 系统提供 8 个模拟输入和 8 个可以作为额外的通道连接至 BCI2000 的数字输入。如果要收集所有的 8 个模拟通道,输入 1 2 3 4 5 6 7 8;如果只是收集数字通道,输入 9 10 11 12 13 14 15 16。1 ~ 16 之间任何组合都是有效的。注:这里列出的值加上 NumEEGchannels 的值必须添加到 SourceCh 参数输入的值上。

FrontPanelGain:从前板记录的模拟输入将有超过所记录的脑电图前置放大器的不同增益,需要不同的增益值以正确记录。

HPFfreq:电路中数字高通滤波器的转角频率。设置为 0 时不能使用,但需要注意的是,Medusa 前置放大器内嵌一个 1.5Hz 模拟高通滤波器。

LPFfreq:数字低通滤波器的转角频率。可以设置为任何值,但建议使用的最高值在采样频率的 1/2 处(例如,512 采样率时采用 256)。

NumEEGchannels:脑电图通道数量。这些是从前置放大器记录的通道。NumEEGchannels 加上 FrontPanelList 项的数目必须加到 SourceCh 中。

notchBW:60Hz 陷波滤波器的带宽。如果设置为 10,带阻滤波器将有 55Hz 和 65Hz 转角频率。

nProcessors:TDT 系统的处理器数量。此值必须对应于 CircuitPath 使用的 rco 文件。例如,chAcquire64_RZ2. rcx 和 chAcquire16. rco 应该将 nProcessors 设置为 2,而 chAcquire64. rco 应为 5。

SampleRate:系统采样频率。使用 *TDTsampleRate* 程序对输入的值进行计算。TDT 的固定频率为 24414.0625 Hz,因此要求采样率一定是此值整数部分的分数。例如,一个 512Hz 的采样率是不可能的,因为不可能找到一个整数能将 24414.0625 整除而得到 512。最接近的频率为 512Hz,可用的频率是 519.448Hz,因为 24414.0625 / 519.448 = 47,相当于向下采样因子。

TDTgain:增加到从放大器获得的信号的增益数量。要转换为 μV,应该是 1000000,除非使用脑电前置放大器,在这种情况下,应该是 50000,因为前置放大器增益增加了 20 倍。

11.1.12.4 状态

无。

11.1.13 TMS Refa and Porti 系统

从 BCI2000 接口到 TMS Refa 和 Porti 系统的源模块。

11.1.13.1 作者

M. M. Span,©RUG University of Groningen。

11. 1. 13. 2 参数

使用标准源模块参数。

11. 1. 13. 3 状态

无。

11. 1. 14 脑产品 V – Amp

vAmpADC 滤波器从最多四通道的 V – Amp 或 FirstAmp 脑电放大器中获取数据。V – Amp 是脑电产品和放大器/数字转换器的组合。BCI2000 中支持此设备的部件包括一个 BCI2000 兼容的源模块(vAmpSource. exe)。

11. 1. 14. 1 作者

J. Adam Wilson, University of Wisconsin – Madison & The Wadsworth Center, Albany, NY。

11. 1. 14. 2 硬件

V – Amp 包含 16 个独立的 24 位 A / D 转换器,能够在每通道(16 通道,加上两个辅助)以高达 2 kHz 的频率采样,或 20kHz 每通道(4 通道)。

11. 1. 14. 3 安装

必要的系统驱动程序位于 BCI2000/src/extlib/brainproducts/vamp/文件夹。要安装驱动程序,请按照下列步骤。

(1) 将 V – Amp 插到 USB 端口。Windows 将读取并开始安装驱动程序。

(2) 根据正在使用的 Windows 版本,一个"发现新硬件"对话框将会出现。不要在网络上搜寻驱动软件,选择不要在线搜寻。

(3) 当请求插入随放大器附带的光盘时,选择允许浏览驱动程序的选项。

(4) 导航到 BCI2000/src/extlib/brainproducts/vamp/。应该能找到驱动程序文件,并安装必要的软件。

(5) 最后一步,将文件 DiBpGmbH. dll 和 FirstAmp. dll 复制到 BCI2000/prog/folder。

(6) 现在应该能够在 BCI2000 中运行 vAmpSource. exe 模块。

11.1.14.4　参数

SamplingRate：系统采样率。所有数据以 2000 Hz 或 20 kHz 采集,然后锐减到所需的采样率。因此,只允许基准频率的整除数。在 2000 Hz 模式下,有效频率为:2000、1000、666.6、500、400、333.3、285.7、250、222.22、200。

在 20kHz 模式,10 倍以上的采样率是有效的。抽取前,对信号采用一个具有 0.45 倍采样率的转角频率的二阶反走样巴特沃思(Butterworth)滤波器。所有的采样率支持一个或多个放大器。如果采用高采样频率,并以多个放大器采样,根据计算机速度和 BCI2000 配置,CPU 可能会超载。如果遇到问题(例如,数据丢失、抖动显示等),增加 SampleBlockSize 值,使系统以较低频率更新(通常,对大多数应用而言,以每秒 20 次~30 次更新系统已经足够),增加 Visualize→VisualizeSource-Decimation。这个参数会降低每秒实际上在源显示的抽样数量。

DeviceIDs：所有设备序列号(例如,70)的列表。所找到的设备序列号将被列在 BCI2000 日志窗口。如果有一个以上的设备,这份列表决定了数据文件中通道的顺序。

HPFilterCorner：消除直流偏移的高通数字滤波器。这种情况出现在数据被读入 BCI2000 之后,存储到磁盘之前。

SampleBlockSize：每个数字化块、每个通道的 SampleBlockSize 采样数。与采样率一起,这个参数决定了每秒收集和处理数据的频率,同时反馈更新。例如,以 600Hz 采样以及 SampleBlockSize 的值为 20,系统(例如,源信号显示、信号处理和刺激呈现)每秒更新 30 次。

SourceChDevices：从每台设备采集数据的通道。如果只有一台设备,此参数与 SourceCh 等效。例如,'16 8'根据 DeviceIDs 所列的第一个设备采集数据,并从 DeviceIDs 列出的第二个设备上采集 8 通道。数据采集始终从通道 1 开始。所有通道(例如,在这个例子中的 24)的总和必须等于 SourceCh 的值。在高速模式下,对于每台设备,这个数字可能不会高于 5(4 通道 + 数字)。

SourceChList：从每台设备采集数据的通道列表。通道总数应与 SourceCh 相符。对于多台设备,SourceChDevices 决定 SourceChList 值以何种方式映射到每台设备。例如,如果 SourceChDevices = '8 8'和 SourceChList = '1 2 3 4 13 14 15 16 5 6 7 8 9 10 11 12',第一台设备经由通道 1 - 4 和 13 - 16,第二台设备经由通道 5 - 12采集数据。这些通道将以 16 个连续通道的形式保存在数据文件中。通道的顺序无关紧要,也就是说,'1 2 3 4'与'2 3 1 4'相同。在同一台设备中总是以升序排列。通道可能不会在一个设备上列出两次,例如,如果 SourceChDevices = '8',那么输入'1 2 3 4 5 6 7 1'将导致错误。如果此参数留下空白(默认),那么所有通

道将从所有设备采集数据。对于 V – Am P16,通道 1 – 16 是 EEG 通道,17 – 18 是
辅助通道, 19 包括以位存储的 8 个数字通道。

采集模式如下。

- 如果设置为模拟信号采集,V – Amp 记录模拟信号电压(默认)。
- 如果设置为高速采集,V – Amp 以 20 kHz 的频率记录模拟信号,而不
是 2000Hz。
- 如果设置为校准,信号输出是一个由 V – Amp 产生的方波测试信号(它可
以用来验证系统校准)。
- 如果设置为阻抗,记录阻抗值,而不是信号。

阻抗测试在每个单独的窗口中显示每个通道的输入阻抗。这些值是根据幅值
进行颜色编码(0 ~ 5kΩ 为绿色,5kΩ ~ 30kΩ 为橙色,30kΩ ~ 1000kΩ 为红色,
>1MΩ为紫色)。这些值是实时更新的,通道显示为列,设备显示为行。

11.1.14.5　状态

无。

11.1.14.6　数据格式和存储

- 信号最初是从 V – Amp 记录为 32 位整数,转换成以 μV 为单位的。
- 辅助输入单位为 V。
- 对所有通道而言,SourceChOffset 需要设置为 0。

任何离线分析程序可(与任何其他 BCI2000 源模块一样)从每个存储样本中
得出采样值,SourceChOffset(如零),以 μV 为单位递减,并乘以每个通道的
SourceChGain 值。如果 SignalType 设置为 float32,数据采样以 μV 为单位进行存
储。在这种情况下,SourceCh 增益应该是一个关于 1 的列表(因为每个通道的数
据样本之间转换成 μV 的换算因子为 1.0)。一旦设定的值不是 0 和 1,BCI2000 将
产生一个连续的数据文件,即在数据写入文件之前改变值的大小,这样通过
SourceChOffset 和 SourceChGain 以 μV 为单位重新设定初始值。

11.2　工具

11.2.1　EEGLabImport 简介

EEGLabImport 是一个插件,允许 EEGLAB 输入数据,包括以 BCI2000 数据格
式存储的信号和事件标记。多个串行的数据可以同时输入和索引,大大地扩展和

简化了 EEG 和 ECoG 数据集的分析。进一步的 EEGLAB 信息可以在如下网页找到：http://sccn. ucsd. edu/eeglab/。

11.2.2 先决条件

BCI2000import 需要 Matlab 7.0 或更新版本以及 EEGLAB 最新版本。由于 Matlab 对资源的需求，根据数据集的大小，所需的 RAM 可能较大。

11.2.3 安装 EEGLabImport

插件的安装很简单，但可能需要为软件平台编译 load_bcidat 的 MEX 功能。 EEGLabImport：

（1）如果使用的是 32 位 Windows 版本，load_bcidat. mexw32 可能已经编译，并可能保存在 BCI2000/tools/mex /文件夹中。将此文件复制到 BCI2000/tools/EE-GLabImport 文件夹，然后跳到第 5 步。

（2）如果所使用平台的 load_bcidat 版本没有保存在/tools/mex 文件夹中，load_bcidat 的 MEX 文件必须编译。

（3）打开 Matlab 并导航到 BCI2000/src/core/Tools/mex /。在命令行中键入 buildmex，在平台中创建 BCI2000 MEX 功能。

（4）一旦生成过程完成后，基于扩展名找到平台的 load_bcidat 文件（更多细节见 Matlab 的 MEX 文件），并将它复制到 BCI2000/tools/EEGLabImport。

（5）将文件夹 BCI2000/tools/EEGLabImport 复制到位于 eeglab/plugins 的 EE-GLab 插件文件夹中。

当 EEGLAB 启动，BCI2000 数据插件将自动检测并安装。

11.2.4 使用 EEGLabImport

开始一个 Matlab 程序，并在命令提示符中输入 eeglab 以启动 EEGLAB。EE-GLabImport 检测并自动添加到菜单。转到文件→导入数据→*BCI2000 数据*以启动数据导入程序。一个文件选择对话框显示多个可以被选中的 BCI2000 数据文件（图 11.2）。BCI2000 数据文件的默认文件扩展名是 *. dat。从所需的文件夹选择一个或多个文件，然后单击打开。

单击打开后，程序加载所选的数据，包括信号、状态以及诸如采样率的测试参数。下一步，将出现一个窗口询问哪个 BCI2000 状态作为 EEGLAB 事件导入。几个重要的和通用的状态将自动选中，但导入这些状态并不是必需的。这些事件被用来产生信号分段，然后将这些信号进行平均和其他分析使用。每个事件与不同的实验活动相关。

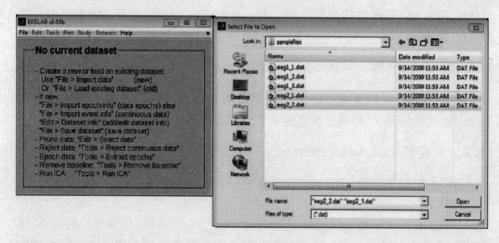

图 11.2　EEGLabImport 程序。此例中选择了多个文件

一旦所需的事件被选中，EEGLabImport 删除不想要的状态，完成向 EEGLAB
数据导入。最后一步是给数据集命名，并选择保存 EEGLAB 文件格式，以便将来
的分析。

11.2.5　指南

本指南介绍了使用 EEGLAB 分析 BCI 实验数据的一些基本知识。BCI2000/
data/samplefiles 文件夹中包含了样本数据集。这种数据在 P300 拼写训练过程中
收集，EEGLAB 将用于比较关注和忽略的情况下的诱发反应。

1）导入 BCI2000 数据

（1）打开 Matlab，并切换到 EEGLAB 文件夹。输入 eeglab，启动 EEGLAB。

（2）在 EEGLAB 中，在菜单栏中找到文件→导入数据→从 BCI 2000 *. DAT 。
切换到 BCI2000/data/samplefiles /，然后选择 eeg2_1. dat 和 eeg2_2. dat。

（3）当 EEGLAB 要求导入 BCI 事件时，选择 StimulusCode、StimulusType 和
StimulusBegin（图 11.3）。

（4）当要求输入名称时，命名为 P300 的数据集。

导入通道位置如下。

为了利用 EEGLAB 的很多功能，需要知道每条通道在头部的位置，通过加载
一个通道位置文件来实现。

（1）在 EEGLAB 的菜单栏中选择编辑→通道位置。打开通道位置编辑窗口
（图 11.4）。

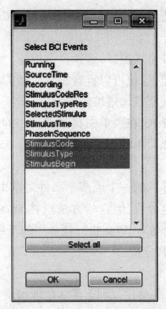

图 11.3 在这个例子中, StimulusCode, StimulusType 和 StimulusBegin 的状态将导入 EEGLAB

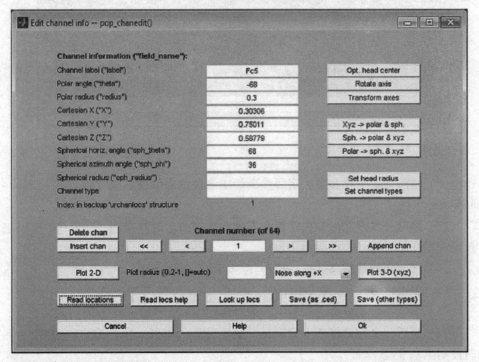

图 11.4 通道位置编辑窗口

（2）单击左下角的*阅读位置*按钮。切换到 BCI2000/data/samplefiles/, 选择 eeg64. loc。

（3）出现一个询问文件格式窗口,选择自动检测,然后单击确定。

（4）一旦导入该通道位置,便可以查看每个电极的信息。

（5）单击确定按钮以关闭该通道编辑窗口。

（6）为确认通道正确导入,在菜单中找到*画图→通道位置→通过名字*。每一个通道的位置将显示在一张简单的 2D 头模型图上。

2）脑电分段数据

接下来的步骤是根据导入的一个或多个事件对脑电数据进行分段。BCI 任务可以通过多种方法进行脑电分段,但这些方法只在 StimulusBegin 状态作为事件标记时才能实现。BCI2000 状态与 P300 拼写任务中每个字母闪烁的初始时刻相关,因此适合分段数据进行 ERP 分析。

导入通道位置如下。

（1）在 EEGLAB 中,从菜单栏找到*工具→提取脑电分段*(图 11.5)。

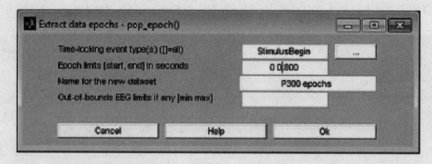

图 11.5 提取数据分段

（2）时间锁定事件参数决定哪些事件应该被用来创建脑电分段。输入 StimulusBegin。

（3）脑电分段限制参数决定每个事件的数据前后时间范围。输入 0 0.800,表示在闪光开始时记录数据并持续 800ms。

（4）在为新的数据集命名一栏中,输入 P300 脑电分段。

（5）单击确定按钮,完成操作。

（6）出现一个要求命名新数据集的对话框,输入 P300 脑电分段。

（7）最后一个对话框要求删除每个脑电分段的基线。单击确定,在整个分段时段删除基准线。

创建和激活一个名为脑电 P300 片段的数据集。值得注意的是,当写操作完成时,EEGLAB 不会覆盖老的数据集,而是创建一个全新的集。因此,刚刚创建的数据集的索引为 2;当前选定的数据集可以在 EEGLAB 的数据集菜单更改。

3) 提取任务的具体条件

在 P300 拼写校正实验的过程中,用户被要求在字母矩阵闪烁时注意具体的字幕。StimulusType 的状态和事件决定当前闪烁的字母是否为用户应注意的字母。因此,通过提取相关事件的适当脑电片断比较注意和忽略情况下的大脑反应。

注意情况的数据提取:

(1) 在 EEGLAB 中,选择编辑→选择脑电片断/事件菜单,显示选择事件对话框(图 11.6)。

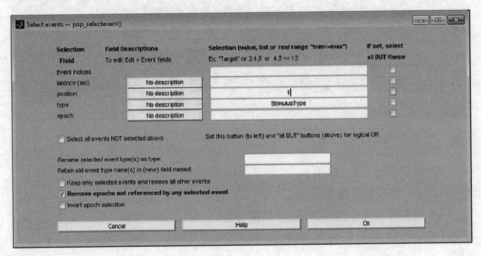

图 11.6 选择脑电分段

(2) 当 StimulusType = 1 时,选择脑电片断。因此,在类型栏中输入 StimulusType,在位置栏中输入 1。

(3) 其余选项保持默认值。单击 OK 继续。

(4) 确认对话框显示警告,160 脑电片断将从新数据集中删除。单击 OK 确认。

(5) 创建一个只包含注意刺激的大脑反应的新数据集。一个对话框要求命名新数据集,在相应位置输入 P300 Attend,单击 OK 继续。

接下来,忽略情况的大脑信号将以一种类似的方式提取。

忽略情况的数据提取:

(1) 首先,脑电片断数据集必须重新选择。目前,EEGLAB 中有可能选择了#3

数据集,并且不包含任何"忽略"的数据。因此,单击数据集→数据集2 :P300 脑电片断以选择正确的数据集。

(2)在 EEGLAB 中,选择编辑→选择脑电片断/ 事件菜单,显示选择事件对话框(图 11.7)。

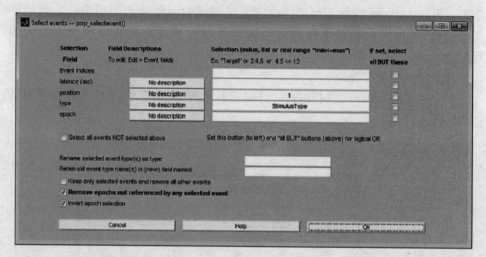

图 11.7 选择忽略片断

(3)需要选择 StimulusType 不等于 1 时的脑电片断。因此,在类型栏中输入 StimulusType,在位置栏中输入 1。

(4)在左下角,单击反转脑电片断选择。寻找 StimulusType = 1 时的所有脑电片断,并选择所有其他 脑电片断,这些片断与忽略情况相关。单击 *OK* 继续。

(5)一个确认对话框显示警告,40 个脑电片断将从新数据集中删除。单击 *OK* 确认。

(6)创建一个只包含忽略刺激的大脑反应的新数据集。一个对话框要求命名新数据集,在相应位置输入 P300 Ignore,单击 *OK* 继续。

4)绘制 ERP 地图

下一步,我们将绘制注意情况的大脑反应。

绘制 ERP 地图:

(1)选择数据集→数据集3 :P300 注意。

(2)选择绘制→*ERPs* 通道→使用头皮地图。

(3)出现包含绘制 ERPs 选项的对话框(图 11.8)。

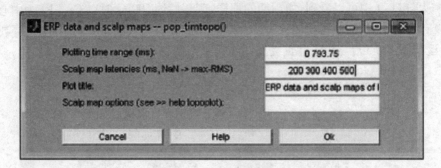

图 11. 8 | 绘制 ERPs 的选项

（4）在绘制时间范围一栏中，保留默认值 0 793. 75

（5）在头皮地图延迟一栏中，输入 200 300 400 500，绘制这些延迟的头皮拓扑图。此外，使这一栏空白，EEGLAB 将选择具有最大反应的延迟。

（6）单击确定。

（7）对应每个延迟的头皮拓扑图，显示每个通道的平均 ERP 拓扑图（图 11. 9）。

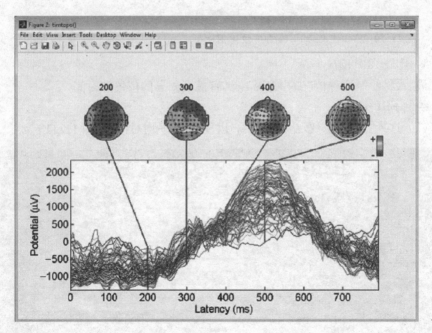

图 11. 9 | 注意情况的 ERPs 和头皮地图

从图 11.9 中可以看到,如预期的那样,刺激后约 500ms 时以 Cz / Pz 为中心的电极有大的反应,这使得比较注意和忽略的反应具有较大的意义。为此,选择*数据集→数据集4 :P300 忽略*,并重复上述步骤来绘制忽略情况的 ERP(图 11.10)。

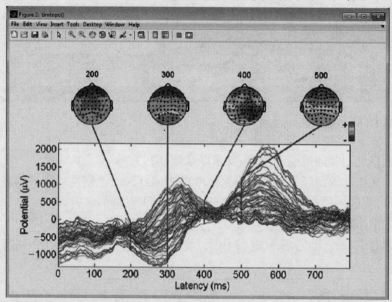

图 11. 10 忽略情况的 ERPs 和头皮地图

5)比较 ERP 反应

最后,将绘制两种情况的 ERPs 以具有最大差异的位置和时间。

绘制 ERP 差异:

(1)选择*绘制→总数/ 比较ERPs*。出现 ERP 平均对话框(图 11.11)。

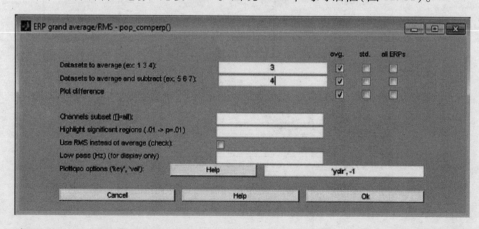

图 11. 11 ERP 平均对话框

（2）在平均数据集栏中输入3。

（3）在平均和减少数据集栏中输入4。表示数据集4的平均ERP将从数据集3的平均ERP中减去。

（4）确保不改变其他选项，然后单击确定。

绘制所有位置的ERPs，包括注意（绿色）和忽略（蓝色）情况和两者之间的差异（紫色）（图11.12）。想要检查单个通道，在拓扑图中单击该通道的位置。例如，单击Cz轴来放大ERPs图，如图11.13所示。

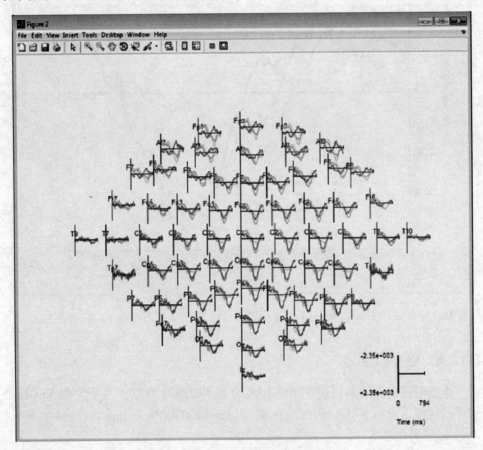

图11.12 注意（绿色）和忽略（蓝色）情况的 ERPs，以及 ERPs 两者之间的差异（紫色）

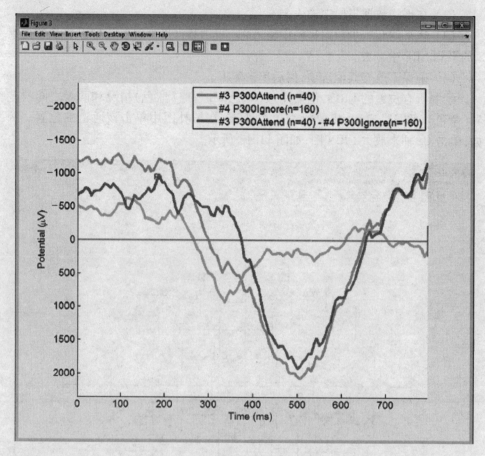

图 11.13　Cz 通道上注意(绿色)和忽略(蓝色)情况 ERPs 和两者之间的差异(紫色)

11.2.6　更多信息

　　本指南旨在介绍如何使用 EEGLAB 分析 BCI2000 数据。关于使用 EEGLAB 软件的详细信息由 EEGLAB 指南提供,可访问 EEGLAB 主页:http://www. sccn. ucsd. edu/eeglab/。

附录A

USBampGetInfo命令行工具

USBampGetInfo 提供附带的 g. USBamp 放大器的滤波器容量信息。该信息用于选择合适的滤波器设计来配置 USBampSource. exe 模块。

```
* * * * * * * * * * * * * * * * * * * * * * * * * * * * * * * * * *
BCI2000 Information Tool for g.USBamp
* * * * * * * * * * * * * * * * * * * * * * * * * * * * * * * * * *
(C)200 4 Gerwin Schalk
       Wadsworth Center
       New York State Department of Health
       Albany, NY, USA
* * * * * * * * * * * * * * * * * * * * * * * * * * * * * * * * * *
Amp found at USB address 1 (S∕N: UA - 200X. XX. XX)
Printing info for first amp (USB address 1)


Available bandpass filters
= = = = = = = = = = = = = = = = = = = = = = = = = = = = = = = = = =
num|hpfr  |  lpfreq  | sfr  |or |  type
= = = = = = = = = = = = = = = = = = = = = = = = = = = = = = = = = =
000 |0.10  |  0.0     |  32  |8  |  1
001 |1.00  |  0.0     |  32  |8  |  1
002 |2.00  |  0.0     |  32  |8  |  1
003 |5.00  |  0.0     |  32  |8  |  1
004 |0.00  |  15.0    |  32  |8  |  1
005 |0.01  |  15.0    |  32  |8  |  1
006 |0.10  |  15.0    |  32  |8  |  1
```

```
= = = = = = = = = = = = = = = = = = = = = = = = = = = = = = = = = = = = = =
num|hpfr  |  lpfreq  |  sfr |or |  type
= = = = = = = = = = = = = = = = = = = = = = = = = = = = = = = = = = = = = =
007|0.50  |  15.0    |  32  |8  |  1
008|2.00  |  15.0    |  32  |8  |  1
009|0.10  |  0.0     |  64  |8  |  1
010|1.00  |  0.0     |  64  |8  |  1
011|2.00  |  0.0     |  64  |8  |  1
012|5.00  |  0.0     |  64  |8  |  1
013|0.00  |  30.0    |  64  |8  |  1
014|0.01  |  30.0    |  64  |8  |  1
```

G. Schalk, J. Mellinger, AP ractical Guide to Brain - Computer Interfacing
with BCI2000,

© Springer - Verlag London Limited 2010

```
015|  0.10  |  30.0  |  64   |  8  |  1
016|  0.50  |  30.0  |  64   |  8  |  1
017|  2.00  |  30.0  |  64   |  8  |  1
018|  0.10  |   0.0  |  128  |  8  |  1
019|  1.00  |   0.0  |  128  |  8  |  1
020|  2.00  |   0.0  |  128  |  8  |  1
021|  5.00  |   0.0  |  128  |  8  |  1
022|  0.00  |  30.0  |  128  |  8  |  1
023|  0.00  |  60.0  |  128  |  8  |  1
024|  0.01  |  30.0  |  128  |  8  |  1
025|  0.01  |  60.0  |  128  |  8  |  1
026|  0.10  |  30.0  |  128  |  8  |  1
027|  0.10  |  60.0  |  128  |  8  |  1
028|  0.50  |  30.0  |  128  |  8  |  1
029|  0.50  |  60.0  |  128  |  8  |  1
030|  2.00  |  30.0  |  128  |  8  |  1
031|  2.00  |  60.0  |  128  |  8  |  1
032|  0.10  |   0.0  |  256  |  8  |  1
033|  1.00  |   0.0  |  256  |  8  |  1
034|  2.00  |   0.0  |  256  |  8  |  1
035|  5.00  |   0.0  |  256  |  8  |  1
036|  0.00  |  30.0  |  256  |  8  |  1
037|  0.00  |  60.0  |  256  |  8  |  1
```

```
038 | 0.00 | 100.0 | 256  | 8 | 1
039 | 0.01 | 30.0  | 256  | 6 | 1
040 | 0.01 | 60.0  | 25   | 8 | 1
041 | 0.01 | 100.0 | 256  | 8 | 1
042 | 0.10 | 30.0  | 256  | 8 | 1
043 | 0.10 | 60.0  | 256  | 8 | 1
044 | 0.10 | 100.0 | 256  | 8 | 1
045 | 0.50 | 30.0  | 256  | 8 | 1
046 | 0.50 | 60.0  | 256  | 8 | 1
047 | 0.50 | 100.0 | 256  | 8 | 1
048 | 2.00 | 30.0  | 256  | 8 | 1
049 | 2.00 | 60.0  | 256  | 8 | 1
050 | 2.00 | 100.0 | 256  | 8 | 1
051 | 5.00 | 30.0  | 256  | 8 | 1
052 | 5.00 | 60.0  | 256  | 8 | 1
053 | 5.00 | 100.0 | 256  | 8 | 1
... continued for sampling rates up to 4800 Hz
Available notch filters
= = = = = = = = = = = = = = = = = = = = = = = = = = = = = = = = = = = = =
num | hpfr   | lpfreq | sfr  | or | type
= = = = = = = = = = = = = = = = = = = = = = = = = = = = = = = = = = = = =
000 | 48.00 | 52.0 | 128  | 4 | 1
001 | 58.00 | 62.0 | 128  | 4 | 1
002 | 48.00 | 52.0 | 256  | 4 | 1
003 | 58.00 | 62.0 | 256  | 4 | 1
004 | 48.00 | 52.0 | 512  | 4 | 1
005 | 58.00 | 62.0 | 512  | 4 | 1
006 | 48.00 | 52.0 | 600  | 4 | 1
007 | 58.00 | 62.0 | 600  | 4 | 1
008 | 48.00 | 52.0 |1200  | 4 | 1
009 | 58.00 | 62.0 |1200  | 4 | 1
010 | 48.00 | 52.0 |2400  | 4 | 1
011 | 58.00 | 62.0 |2400  | 4 | 1
```

附录B

Neurogetparams命令行工具

Neuroscan 采集 V4.3 版的 BCI2000 参数工具

* *

（C）2004 Gerwin Schalk and Juergen Mellinger

      Wadsworth Center，New York State Dept of Health，Albany，NY

      Eberhard – Karls University of Tuebingen，Germany

* *

信号通道数：32

事件通道数：1

块大小：40

采样频率：1000

位/样本：16

分辨率：0.168 muV/LSB

成功写入的参数文件 test. prm